发现科学世界丛书

神奇的海洋世界

孙兴智　编著

吉林人民出版社

图书在版编目(CIP)数据

神奇的海洋世界 / 孙兴智编著. -- 长春 : 吉林人民出版社, 2012.4

(发现科学世界丛书)

ISBN 978-7-206-08773-8

Ⅰ. ①神… Ⅱ. ①孙… Ⅲ. ①海洋-青年读物②海洋-少年读物 Ⅳ. ①P7-49

中国版本图书馆CIP数据核字(2012)第068107号

神奇的海洋世界

SHENQI DE HAIYANG SHIJIE

编　　著：孙兴智

责任编辑：关亦淳　　封面设计：七　洱

吉林人民出版社出版 发行（长春市人民大街7548号　邮政编码：130022）

印　　刷：北京一鑫印务有限责任公司

开　　本：710mm×960mm　1/16

印　　张：12.25　　字　　数：120千字

标准书号：ISBN 978-7-206-08773-8

版　　次：2012年4月第1版　　印　　次：2021年8月第2次印刷

定　　价：45.00元

目 录 CONTENT 1

第一篇 海洋概况

目录 CONTENT 2

目录 CONTENT 3

目录 CONTENT 4

第一篇

海洋概况

海洋的形成

对海洋形成这个问题，目前科学还不能给出最后的答案，这是因为，它们与另一个具有普遍性的、同样未彻底解决的太阳系起源问题相联系着。

现在的研究证明，大约在50亿年前，从太阳星云中分离出一些大大小小的星云团块。它们一边绕太阳旋转，一边自转。在运动过程中，互相碰撞，有些团块彼此结合，由小变大，逐渐成为原始的地球。星云团块碰撞过程中，在引力作用下急剧收缩，加之内部放射性元素蜕变，使原始地球不断受到加热增温；当内部温度达到足够高时，地内的物质包括铁、镍等开始熔解。在重力作用下，重的下沉并趋向地心集中，形成地核；轻者上浮，形成地壳和地幔。在高温下，内部的水分汽化与气体一起冲出来，飞升入空中。但是由于地心的引力，它们不会跑掉，只在地球周围，成为气水合一的圈层。

位于地表的一层地壳，在冷却凝结过程中，不断地受到地球内部剧烈运动的冲击和挤压，因而变得褶皱不平，有时还会被挤破，形成地震与火山爆发，喷出岩浆与热气。开始，这种情况发生频繁，后来渐渐变少，慢慢稳定下来。这种轻重物质分化，产生大动荡、大改组的过程，大概是在45亿年前完成的。

地壳经过冷却定形之后，地球就像个久放而风干了的苹果，表面皱纹密布，凹凸不平。高山、平原、河床、海盆，各种地形一应俱全了。

在很长的一个时期内，天空中水气与大气共存于一体；浓云密布。天昏地暗，随着地壳逐渐冷却，大气的温度也慢慢地降低，水汽以尘埃与火山灰为凝结核，变成水滴，越积越多。由于冷却不均，空气对流剧烈，形成雷电狂风，暴雨浊流，雨越下越大，一直下了很久很久。滔滔的洪水，通过千川万壑，汇集成巨大的水体，这就是原始的海洋。

原始的海洋，海水不是咸的，而是酸性、缺氧的。水分不断蒸发，反复地形云致雨，重又落回地面，把陆地和海底岩石中的盐分溶解，不断地汇集于海水中。经过亿万年的积累融合，才变成了大体均匀的咸水。同时，由于大气中当时没有氧气，也没有臭氧层，紫外线可以直达地面，靠海水的保护，生物首先在海洋里诞生。大约在38亿年前，即在海洋里产生了有机物，先有低等的单细胞生物。在6亿年前的古生代，有了海藻类，在阳光下进行光合作用，产生了氧气，慢慢积累的结果，形成了臭氧层。此时，生物才开始登上陆地。

总之，经过水量和盐分的逐渐增加，及地质历史上的沧桑巨变，原始海洋逐渐演变成今天的海洋。

海洋的生命起源

生命孕育于海洋之中，生命的起源和早期演化依赖于大洋的发生和演化。大洋对于生命的形成提供了必要的物质基础和生存环境。

尽管一切有关生命起源的讨论是推断的，但是生命在地球历史上开始得很早，并发生于大洋之中则是有证据的。年龄约34亿年的古老海洋沉积岩中发现了细菌化石遗迹，故生命的开始必定在此之前。生命的起源应始于氨基酸的形成，而最早出现的氨基酸却是无机合成的有机化合物。实际上，作为生命前驱的一些分子都是无机合成的，它们当中有组成蛋白质的氨基酸，组成核酸的糖和碱基，以及构成膜的脂类等分子。早期还原性大气圈的一些气体溶解于大洋水中，在放电和紫外线辐射等能量作用之下，它们聚合成氨基酸、碱基和核糖等大的有机分子，目前在实验室里已证实了这种合成方式。这些合成的有机单体在热力学上有利于解聚作用的大洋中再次聚合，最后便组成蛋白质、核酸等生命物质。虽然紫外线的辐射能量促使了生命物质的合成，但是在早期缺氧的大气中并没有足够的游离氧去形成能吸收紫外线的臭氧隔离层，强烈的紫外线对于在地表刚形成的生命物质具有巨大的杀伤力，因而初生的生命物质必须依靠大洋，生存在紫外线达不到的大洋中。对于初生的生命物质和原始生命来说，氧是一种具有侵蚀力的毒性气体。一旦出现游离氧，氧化作用就将破坏氨基酸等生命物质，破坏如厌氧细菌等没有保护系统的原始生命体，所以一个还原性的环境是无生命的有机物进化到生命物质和原始生命体所绝对必需的条件。早期缺氧的大气和大洋正好提供了这个条件，生命物质便得以在大洋中积累起来，演化成生命。所以大洋是生命的摇篮。

大洋中，也是地球上，第一批出现的生物是些单细胞的实体，它已初步具有遗传的机构。前寒武纪大洋中生命演化的第一个重大事件是光合体的出现，最初的光合生物，出现于距今约30亿年以前。光合体合成有机食物维持自己的生存，但又释放出能破坏自身的氧。它产生的氧大部分被当时大洋中的亚铁溶液所吸收，形成大规模的条带状铁矿构造，但是在光合体形成以前已经出现了可以抵御氧对生命体侵蚀的间氧酶。这个时期的生物是原核细胞组成的，即原核生物，它们只能无性繁殖，主要是细菌和蓝藻。前寒武纪生命演化进程中的第二个重大事件是有核细胞的形成，约发生于14~18亿年前。有核细胞组成的生物，即真核生物，具备有性繁殖能力。有性繁殖使新获得的适应性通过群体迅速传播开来，因而大大加速了生物进化与变迁的速率。

距今15~20亿年前，地球大气圈和水圈的性质经受了质的变化，从很少或没有游离氧的还原性大气与大洋，变成了氧化的大气与大洋。臭氧层的形成大大减少了地球表面的紫外辐射，生命的演化无需再隐蔽在大洋的深处进行，它们可以逐渐转移到浅水处，甚至陆上。而光合体和有核多细胞的相继出现，使新的生命体不再惧氧，它们可以在富氧的环境中直接依靠可见光的能量进行光合作用，产生更多的有机物。10亿年前，真核生物已是十分繁多，而5.7亿年前开始的寒武纪更是急剧地涌现出大量种类繁多而又复杂的有壳多细胞型生物。从此，生物便真正开始其丰富多彩的进化阶段。

海与洋的区分

广阔的海洋，从蔚蓝到碧绿，美丽而又壮观。人们总是认为海就是洋，但实际上海和洋不完全是一回事，它们彼此之间是不相同的。那么，它们有什么不同，又有什么关系呢？

洋，是海洋的中心部分，是海洋的主体。世界大洋的总面积，约占海洋面积的89%。大洋的水深，一般在3 000米以上，最深处可达1万多米。大洋离陆地遥远，不受陆地的影响。它的水温和盐度的变化不大。每个大洋都有自己独特的洋流和潮汐系统。大洋的水色蔚蓝，透明度很大，水中的杂质很少。世界共有4个大洋，即太平洋、印度洋、大西洋、北冰洋。

海，在洋的边缘，是大洋的附属部分。海的面积约占海洋的11%，海的水深比较浅，平均深度从几米到二三千米。海临近大陆，受大陆、河流、气候和季节的影响，海水的温度、盐度、颜色和透明度，都受陆地影响，有明显的变化。夏季，海水变暖，冬季水温降低；有的海域，海水还要结冰。在大河入海的地方，或多雨的季节，海水会变淡。由于受陆地影响，河流夹带着泥沙入海，近岸海水混浊不清，海水的透明度差。海没有自己独立的潮汐与海流。海可以分为边缘海、内陆海和地中海。边缘海既是海洋的边缘，又临近大陆；这类海与大洋联系广泛，一般由一群海岛把它与大洋分开。我国的东海、南海就是太平洋的边缘海。内陆海，即位于大陆内部的海，如欧洲的波罗的海等。地中海是几个大陆之间的海，水深一般比内陆海深些。世界主要的海接近50个。太平洋最多，大西洋次之，印度洋和北冰洋则少一些。

大陆漂移说

地球上的陆地和海洋自古就是这样分布吗？人们一直努力试图解开这个地球史上的未解之谜。在1910年，德国科学家魏格纳看地图时发现，把南美洲东海岸与非洲西海岸拼在一起大体吻合，用同样方法还可以把地球上的陆地拼成一个整体，于是，他在1915年发表的《海陆的起源》一书中，提出了地球陆地原先是连在一起的“原始古陆”，后来经过漂移分开的“大陆漂移假说”。

但是，“大陆漂移假说”（以及相似的“板块构造说”）对地壳构造变动的认识仅仅局限在地球体积和地表总面积固定不变的范围内，所以存在许多无法解释的疑点。其中忽略了一个问题：地壳和地幔上部固态部分的总厚度有上千千米，而地球陆地只是地壳表层略为凸出的部分，从海底最深处至陆地最高山峰只有20千米高度差。由于地表低凹的地方被海水覆盖，所以从视觉印象上陆地似乎是分离的，实际上所有陆地和海洋底部是互相衔接在一起的整体结构。虽然岩层中有许多构造裂缝，但没有远达几千千米平面分离移动的可能性。

那么，大陆究竟是怎样分开的，要从地球的演变说起。宇宙天体从白矮星到行星阶段是一个固态外壳不断膨胀，大气层不断减少的过程，地球内部仍进行着剧烈的热核反应，巨大的能量逐步积聚，每隔一段时间，当地壳承受不住内部压力时，高温物质便冲破地壳突然释放，形成大爆发。爆发后，地球固态外壳膨胀，体积扩大，现在的地球表面就是中生代白垩纪末期（距今约7 000万年前）大爆发后形成。因为是从一个完整的球体分裂开的，所以把现在的陆地和大陆架部分拼合在一起，可以还原成一个体积比现在的地球要小很多的球体表面，这就是地球陆地为什么能够拼合成整体的原因。

曾有科学家在各大洋底400多处钻取大量岩石标本，发现所有海底沉积物的年龄竟没有一处超过2亿年，最古老的沉积物也只是侏罗纪时期的。这说明，所有海底表层都是侏罗纪以后才形成，地壳表面在侏罗纪后发生过彻底的变动，就是地质学称为“喜玛拉雅造山运动”等一系列剧烈地壳构造变动。

当地球大爆发时，内部高温物质冲破地壳喷发大量熔岩和火山灰尘，原来平坦的地形出现了因地壳抬升隆起的高原和褶皱山脉，地层开裂的海盆和峡谷。那些由岩浆冷却凝固而成遍布地表的雄伟壮丽的奇峰怪石和地表下千姿百态的熔岩空洞，以及大量熔岩冷却时由于元素熔点不同而分离形成的金属结晶（铁矿、铜矿等）和在熔岩高温高压环境中元素相互融合，改变了原来物质形态凝固成特殊形态的非金属矿物（宝石、玉石等），这些都是地球爆发引起地壳剧烈变动（并非地壳板块漂移）的有力证据。

现在地球的主要地貌就是白垩纪末期地球大爆发（地球演变过程中距今最近的一次）后形成的。当然，在以后的7 000万年间，由于风力、水流等外力作用，地表也有一些变化（沙漠、冲积平原等），但内应力始终是地壳大变动的主要原因。

海底三大区域

世界大洋的底部可以分为三个不同的区域，即大陆架、大陆坡和海底。大陆架是环绕地球所有大陆的一条带状的逐渐倾斜的海底，大陆架的大部分都能不同程度地受到阳光的照射。同大陆上的植物类似的一些植物也能在这里生长。它的底部覆盖着从大陆冲来的沙和土。大陆架缓坡突然变成陡坡的地方定为大陆架和大陆坡的分界线，全世界除了南极大陆架边缘有些地点的深度在360米到550米之间外，其余地方的这个深度平均为132米。

美国的太平洋海岸，大陆架比较窄，宽度只有32千米多一点。而美国的大西洋海岸，大陆架则要宽得多。在北卡罗来纳州附近，哈特勒斯角稍北一点，大陆架的宽度达到214千米；然而在哈特勒斯角当地和佛罗里达州的某些地点附近，海底差不多从岸边就开始向下倾斜。

大陆架

大陆架是大陆向海洋的自然延伸，通常被认为是陆地的一部分。又叫“陆棚”或“大陆浅滩”。它是指环绕大陆的浅海地带。

它的范围自海岸线（一般取低潮线）起，向海洋方面延伸，直到海底坡度显著增加的大陆坡折处为止。大陆架坡折处的水深在20～550米间，平均为130米，也有把200米等深线作为大陆架下限的。大陆架平均坡度为0度～0.7度，宽度不等，在数千米至1 500千米间。全球大陆架总面积为2 710万平方千米，约占海洋总面积的7.5 %。大陆架地形一般较为平坦，但也有小的丘陵、盆地和沟谷；上面除局部基岩裸露外，大部分地区被泥沙等沉积物所覆盖。大陆架是大陆的自然延伸，原为海岸平原，后因海面上升之后，才沉没于水下，成为浅海。

大陆架是地壳运动或海浪冲刷的结果。地壳的升降运动使陆地下沉，淹没在水下，形成大陆架；海水冲击海岸，产生海蚀平台，淹没在水下，也能形成大陆架。它大多分布在太平洋西岸、大西洋北部两岸、北冰洋边缘等。如果把大陆架海域的水全部抽光，使大陆架完全成为陆地，那么大陆架的面貌与大陆基本上是一样的。在大陆架上有流入大海的江河冲积形成的三角洲。在大陆架海域中，到处都能发现陆地的痕迹。泥炭层是大陆架上曾经有茂盛植物的一个印证。泥炭层中含有泥沙，含有尚未完全腐烂的植物枝叶，有机物质含量极高。黑色或灰黑色泥炭可以作为燃料熊熊燃烧。在大陆架上还能经常能发现贝壳层，许多贝壳被压碎后堆积在一起，形成厚度不均的沉积层。大陆架上的沉积物几乎都是由陆地上的江河带来的泥沙，而海洋的原始成分很少。除了泥沙外，永不停息的江河就像传送带，把陆地上的有机物质源源不断地带到大陆架上。大陆架由于得到陆地上丰富的营养物质的供应，已经成为最富饶的海域，这里盛产鱼虾，还有丰富的石油天然气储备。大陆架并不是永远不变的，它随着地球地质演变，不断产生缓慢而永不停息的变化。

大陆架有丰富的矿藏和海洋资源，已发现的有石油、煤、天然气、铜、铁等20多种资源；其中已经探明的石油储量是整个地球石油储量的1/3。大陆架的浅海区是海洋植物和海洋动物生长发育的良好场所，全世界的海洋渔场大部分分布在大陆架海区。还有海底森林和多种藻类植物，有的可以加工成多种食品，有的是良好的医药和工业原料。这些资源属于沿海国家所有。

大陆坡

大陆坡介于大陆架和大洋底之间，大陆架是大陆的一部分，大洋底是真正的海底，因而大陆坡是联系海陆的桥梁，它一头连接着陆地的边缘，一头连接着海洋。大陆坡虽然分布在水深200米到4 000米的海底，但是大陆坡地壳上层以花岗岩为主，通常归属于大陆型地壳，只有极少部分归属于过渡型地壳。大陆坡坡脚以外的深海大洋地壳以玄武岩为主，那里才是典型的大洋型地壳，因而大陆坡坡脚是大陆型地壳与大洋型地壳的真正分界线。

大陆坡由于隐藏在深水区，因此很少受到破坏，基本保持了古大陆破裂时的原始形态。1965年，英国地球物理学家用计算机绘制了一张大西洋水深1 000米的等深线图。图形显示大西洋两岸的等深线十分吻合。

大陆坡的坡度很陡。太平洋大陆坡的平均坡度为5度20分，大西洋大陆坡的平均坡度为3度5分，印度洋的大陆坡平均坡度为2度55分。大陆坡的表面极不平整，而且分布着许多巨大、深邃的海底峡谷。陆地最大的雅鲁藏布江及澜沧江大峡谷与之相比，也只能是小巫见大巫。海底峡谷有的横切在斜坡上，有的像树枝一样分岔，将大陆坡切割得支离破碎。大陆坡的表面也有较平坦的地方，这些地带被称为深海平台。有时，在一条大陆坡上会形成多级深度不同的海底平台。

世界著名海湾

海或洋伸进陆地的部分叫海湾。海湾的深度和宽度一般向内陆逐渐减小。面积大小不一，大的比海还大，如哈德逊湾、墨西哥湾、孟加拉湾。有的海和湾不加区别。如阿拉伯海是湾，又称为海；墨西哥湾是海，却又称它为湾。

世界上面积超过100万平方千米的大海湾共有5个，即位于印度洋东北部的孟加拉湾，位于大西洋西部美国南部的墨西哥湾，位于非洲中部西岸的几内亚湾，位于太平洋北部的阿拉斯加湾，位于加拿大东北部的哈德逊湾。

孟加拉湾在印度半岛、中南半岛、安达曼群岛和尼科巴群岛之间，面积为217.2万平方千米。深度在2 000～4 000米之间，南半部较深。有恒河、布拉马普特拉河等河流注入。沿岸的重要港口有加尔各答、马德拉斯、吉大港等，是太平洋与印度洋之间的重要通道。

墨西哥湾在美国、墨西哥、古巴之间，东西长1 609千米，南北宽1 287千米，面积154.3万平方千米。平均深度1 512米。最深处4 023米。有世界第四大河密西西比河由北岸注入。尤卡坦半岛和佛罗里达半岛环抱湾口，穿过尤卡坦海峡、佛罗里达海峡分别与大西洋、加勒比海连接。大陆沿岸及大陆架富藏石油、天然气和硫磺等矿产。湾内有新奥尔良、阿瑟、休斯敦、坦皮科等重要港口。

几内亚湾在西非加纳、多哥、贝宁、尼日利亚、喀麦隆、赤道几内亚等国沿岸，面积153.3万平方千米。有非洲第三大河尼日尔河等河流注入。大陆架及大陆沿岸蕴藏着丰富的石油资源。沿岸主要港口有洛美、拉各斯、哈尔科特、杜阿拉和马拉博等。

阿拉斯加湾在美国阿拉斯加半岛、科迪亚克岛、亚历山大群岛之间，面积132.7万平方千米。沿岸主要港口有奇尔库特港等。大陆沿岸地区多火山，渔业资源较丰富。

哈德逊湾在加拿大东北部巴芬岛与拉布拉多半岛西侧，面积120万平方千米。湾内水较浅，平均深度257米。湾内主要港口有彻奇尔等。

除上述五大海湾外，世界最著名的海湾是波斯湾。该湾又称阿拉伯湾，在印度洋西部，介于阿拉伯半岛和伊朗高原之间，以霍尔木兹海峡和阿曼湾与阿拉伯海衔接。它长约970千米，宽56～338千米，面积为24万平方千米，平均水深只有25米，最深处102米。湾底和沿岸为世界石油蕴藏量最多的地区，约占世界石油储量的一半以上，有“石油湖”之称。

海水的味道

海水之所以咸，是因为海水中有35‰左右的盐，其中大部分是氯化钠，还有少量的氯化镁、硫酸钾、碳酸钙等。正是这些盐类使海水变得又苦又涩，难以入口。那么这些盐类究竟是从哪里来的呢？有的科学家认为，地球在漫长的地质时期，刚开始形成的地表水（包括海水）都是淡水。后来由于水流侵蚀了地表岩石，使岩石的盐分不断地溶于水中。这些水流再汇成大河流入海中，随着水分的不断蒸发，盐分逐渐沉积，时间长了，盐类就越积越多，于是海水就变成咸的了。如果按照这种推理，那么随着时间的流逝，海水将会越来越咸。

海水中的一部分盐来自它对海底的岩石和沉积物的溶解。不过由于海洋中同样有大量的物质，由于各种原因沉到海底，比如海洋生物死后遗骸坠落海底，所以海洋中的盐也会返还给海底的沉积物。因此，靠溶解海底得到的盐分是很少的，总的收支状况恐怕是入不敷出。

海水中的大部分盐的确是“淡水”的河流带来的。我们前面提到，最初的海洋的水量远不及现在的海洋，同时最初的海水含有的盐分也很少，口味可能仅相当于我们现在喝的淡水。但是，自从地球上的第一场雨从天而降，开始冲刷年轻的陆地表面，海水的盐度就改变了。雨水在数以亿年计的时间里敲击着裸露的岩石，破坏岩石的结构，将矿物质溶解并带走。这些矿物质包括氯化钠、氯化镁、硫酸镁、硫酸钙、硫酸钾等，也就是化学家们所定义的盐。这些盐随着地面的水流向低处迁移，诸多的水流汇聚为浩浩荡荡的大江大河，并最终注入大海。从古到今，海洋中不断补充着来自陆地的盐。

然而，河流带来盐的同时，也将大量的淡水带到了海洋中，因此单凭河流注入这一个因素，并不能使海水变咸。海洋中盐的浓度增加，还依赖普照万物的太阳将海水蒸发。太阳光的能量被海水吸收后，海水表面的温度升高，使水变成水蒸气的趋势增强了。水在蒸发的过程中，由液态变成了气态，却将原来所含有的盐分留在海水中，并不带走。而海面上的水蒸气却在风的催促下背井离乡，运动到陆地的上空，当它与一团冷空气遭遇时，水蒸气又变成了小水滴，在重力的作用下，水滴落向地面，形成了降雨。降雨给盐分搬运工程又增加了一批生力军，一个新的循环过程开始了。正是在海洋与陆地之间水循环的过程中，海洋中盐的浓度越来越高。

海水的颜色

太阳光线用肉眼看是白色，可它是由红、橙、黄、绿、青、蓝、紫七种可见光所组成。这七种光线波长各不相同，而不同深度的海水会吸收不同波长的光束。波长较长的红、橙、黄等光束射入海水后，先后被逐步吸收，而波长较短的蓝、青光束射入海水后，遇到海水分子或其他微细的、悬在海洋里的浮体，便向四面散射和反射，特别是海水对蓝光吸收少而反射多，越往深处越有更多的蓝光被折回到水面上来，因此，我们看到的海洋里的海水便是蔚蓝色一片了。

既然海水散射蓝色光，那么所有的大海都应该是蔚蓝色的，但实际上，海洋却是红、黄、蓝、白、黑五色俱全，这是由于某种海水变色的因素强于散射所生的蓝色时，海水就会改头换面，五色缤纷了。

影响海水颜色的因素有悬浮质、离子、浮游生物等。大洋中悬浮质较少，颗粒也很微小，其水色主要取决于海水的光学性质，因此，大洋海水多呈蓝色；近海海水，由于悬浮物质增多，颗粒较大，所以，近海海水多呈浅蓝色；近岸或河口海域，由于泥沙颜色使海水发黄；某些海区当淡红色的浮游生物大量繁殖时，海水常呈淡红色。

我国黄海，特别是近海海域的海水多呈土黄色且混浊，主要是被从黄土高原上流进的又黄又浊的黄河水染黄的，因而得名黄海。

不仅泥沙能改变海水的颜色，海洋生物也能改变海水的颜色。介于亚、非两洲间的红海，其一边是阿拉伯沙漠，另一边有从撒哈拉大沙漠吹来的干燥的风，海水水温及海水中含盐量都比较高，因而海内红褐色的藻类大量繁衍，成片的珊瑚以及海湾里的红色的细小海藻都为之镀上了一层红色的色泽，所以看到的红海是淡红色的，因而得名红海。

由于黑海海水分层所起的障壁作用，使海底堆积大量污泥，这是促成黑海海水变黑的因素，另外，黑海多风暴、阴霾，特别是夏天狂暴的东北风，在海面上掀起灰色的巨浪，海水漆黑一片，故得名黑海。

白海是北冰洋的边缘海，深入俄罗斯西北部内陆，气象异常寒冷，结冰期达6个月之久。白海之所以得名是因为掩盖在海岸的白雪不化，厚厚的冰层冻结住它的港湾，海面被白雪覆盖。由于白色冰面上的强烈反射，致使我们看到的海水是一片白色。

海水的温度

海水温度是反映海水热状况的一个物理量。世界海洋的水温变化一般在零下2摄氏度~30摄氏度之间，其中年平均水温超过20摄氏度的区域占整个海洋面积的一半以上。海水温度有日、月、年、多年等周期性变化和不规则的变化，它主要取决于海洋热收支状况及其时间变化。经直接观测表明：海水温度日变化很小，变化水深范围为0~30米处，而年变化可到达水深350米左右处。在水深350米左右处，有一恒温层。但随深度增加，水温逐渐下降（每深1 000米，约下降1摄氏度~2摄氏度），在水深3 000～4 000米处，温度达到零下1摄氏度～2摄氏度。海水温度是海洋水文状况中最重要的因子之一，常作为研究水团性质、描述水团运动的基本指标。研究海水温度的时空分布及变化规律，不仅是海洋学的重要内容，而且对气象、航海、捕捞业和水声等学科也很重要。

海　流

海流又称洋流，是海水因热辐射、蒸发、降水、冷缩等而形成密度不同的水团，再加上风应力、地转偏向力、引潮力等作用而大规模相对稳定的流动，它是海水的普遍运动形式之一。海洋里有着许多海流，每条海流终年沿着比较固定的路线流动。它像人体的血液循环一样，把整个世界大洋联系在一起，使整个世界大洋得以保持其各种水文、化学要素的长期相对稳定。

海洋里那些比较大的海流，多是由强劲而稳定的风吹刮起来的。这种由风直接产生的海流叫作“风海流”，也有人叫作“漂流”。由于海水密度分布不均匀而产生的海水流动，称为“密度流”，也叫“梯度流”或“地转流”。海洋中最著名的海流是黑潮和湾流。

由于海水的连续性和不可压缩性，一个地方的海水流走了，相邻海区的海水就流来补充，这样就产生了补偿流。补偿流既有水平方向的，也有垂直方向的。在海洋的大陆架范围或浅海处，由于海岸和海底摩擦显著，加上海流特别强等因素，便形成颇为复杂的大陆架环流、浅内海环流、海峡海流等浅海海流。

在研究海流的过程中，科学家们还常常按温度特性，将海流分为暖流和寒流。还有一种是海水受月球、太阳引潮力而产生的水平流动现象，是同潮汐一起产生的潮流。

在科学技术发达的今天，已经可以利用海流选择航线、发电和捕鱼等。

海流的形成

海流形成的原因很多，但归纳起来不外乎两种。第一是海面上的风力驱动，形成风海流。由于海水运动中黏滞性对动量的消耗，这种流动随深度的增大而减弱，直至小到可以忽略，其所涉及的深度通常只为几百米，相对于几千米深的大洋而言是薄薄一层。海流形成的第二种原因是海水的密度变化。因为海水密度的分布与变化直接受温度、盐度的支配，而密度的分布又决定了海洋压力场的结构。实际海洋中的等压面往往是倾斜的，即等压面与等势面并不一致，这就在水平方向上产生了一种引起海水流动的力，从而导致了海流的形成。另外海面上的增密效应又可直接地引起海水在垂直方向上的运动。

通常多用欧拉方法来测量和描述海流，即在海洋中某些站点同时对海流进行观测，依测量结果，用矢量表示海流的速度大小和方向，绘制流线图来描述流场中速度的分布。如果流场不随时间而变化，那么流线也就代表了水质点的运动轨迹。

海流流速的单位，按单位制是m/s；流向以地理方位角表示，指海水流去的方向。例如，海水以0.10的速度向北流去，则流向记为0度，向东流动则为90度，向南流动为180度，向西流动为270度，流向与风向的定义恰恰相反，风向指风吹来的方向。绘制海流图时常用箭矢符号，矢长度表示流速大小，箭头方向表示流向。

海洋中除了由引潮力引起的潮汐运动外，海水沿一定途径的大规模流动。引起海流运动的因素可以是风，也可以是热盐效应造成的海水密度分布的不均匀性。海水沿着一定的方向有规律地水平流动。海流可以分为暖流和寒流。若海流的水温比到达海区的水温高，则称为暖流；若海流的水温比到达海区的水温低，则称为寒流。一般由低纬度流向高纬度的海流为暖流，由高纬度流向低纬度的海流为寒流。表层海流的水平流速从几厘米/秒到300厘米/秒，深处的水平流速则在10厘米/秒以下。

海流以流去的方向作为流向，恰和风向的定义相反。

海流按其成因大致可分为以下几类。

漂流。由风的拖曳效应形成的海流。

地转流。在忽略湍流摩擦力作用的海洋中，海水水平压强梯度力和水平地转偏向力平衡时的稳定海流。

潮流。海洋潮汐在涨落的同时，还有周期性的水平流动，这种水平流动称为潮流。

补偿流。由另一海域的海水流来补充海水流失而形成的海流。有水平补偿流和铅直补偿流。

河川泄流。由于河川径流的入海，在河口附近的海区所引起的海水流动称为河川径流。

裂流。海浪由外海向海岸传播至波浪破碎带破碎时产生的由岸向深水方向的海流。

顺岸流。海浪由外海向海岸传播至破碎带破碎后产生的一支平行于海岸运动的海流。

综上所述，产生海流的主要原因是风力和海水密度差异。实际发生的海流总是多种因素综合作用的结果。

世界主要的海流

在世界大洋中，有暖水流，也有冷水流。在北大西洋，除了北赤道海流、湾流和加那利海流这些暖水流之外，有一股主要的冷水流叫作拉布拉多海流。这股在北冰洋形成的海流，穿过纽芬兰和格陵兰之间，流向东南。在北风的吹动下，它一直朝着东南方向流过加拿大和新英格兰东侧，并迫使温暖的湾流在北卡罗来纳附近改变方向。然而，由于拉布拉多海流的冷水较重，它下沉到湾流之下，贴近海底继续流动，最后到达赤道地区。在赤道地区，冷水变暖，拉布拉多海流停止。

南大西洋的海流系统与北大西洋的海流系统十分相似，只是由于南侧的海域开阔，其湾流相对应的那股南部海流的流动路径非常无规则。南赤道海流的温暖海水在赤道附近横贯南大西洋流到巴西岬，在那里此海流分为两股。其中一股向北，同北赤道海流汇合。向南的另一股，成为巴西海流，流过南美的东海岸，直向南极。在那里，它汇入南极海流，然后转向北，成为冷凉的本格拉海流，流到非洲的西海岸。

与大西洋暖流不同，太平洋海流的流动路径不太稳定，这是因为太平洋太大的缘故。太平洋的北赤道海流在向西吹刮的盛行风的作用下，一直向西流过开阔的海洋，直到遇到菲律宾群岛。在那里，它沿着亚洲海岸向北，经过日本，流向北冰洋。这股暖海流称为日本海流，或者黑潮，又分为两支。一支继续流向北冰洋；而另一支转向东，穿过太平洋，流向不列颠哥伦比亚，与加利福尼亚冷海流汇合，转向南，沿着美国的西海岸流向赤道。至此，太平洋的这股主要海流便完成了它的一次循环。

在太平洋的南半球部分，也有一股路径与此相似的海流，不过，其稳定性更差，因而未能像大西洋暖流和北太平洋海流那样精确地标绘在海图上。印度洋的海流，也是如此。

海流的作用

海流对海洋中多种物理过程、化学过程、生物过程和地质过程，以及海洋上空的气候和天气的形成及变化，都有影响和制约的作用。

1.暖流对沿岸气候有增温增湿作用，寒流对沿岸气候有降温减湿作用。

2.寒暖流交汇的海区，海水受到扰动，可以将下层营养盐类带到表层，有利于鱼类大量繁殖，为鱼类提供诱饵；两种海流还可以形成“水障”，阻碍鱼类活动，使得鱼群集中，易于形成大规模渔场，如纽芬兰渔场和日本北海道渔场；有些海区受离岸风影响，深层海水上涌把大量的营养物质带到表层，从而形成渔场，如秘鲁渔场。

3.海轮顺海流航行可以节约燃料，加快速度。暖寒流相遇，往往形成海雾，对海上航行不利。此外，海流从北极地区携带冰山南下，给海上航运造成较大威胁。

4.海流还可以把近海的污染物质携带到其他海域，有利于污染的扩散，加快净化速度。但是，其他海域也可能因此受到污染，使污染范围更大。

了解和掌握海流的规律，对渔业、航运、排污和军事等都有重要意义。

引起海潮的原因

海洋中的潮汐现象，即由于月球和太阳的引潮力作用，使海洋水面发生的周期性涨落现象。平均周期（即上一次高潮或低潮至下一次高潮或低潮的平均时间）为12小时25分。

月球、太阳与地球的相对位置，对海潮的影响极大。例如，当月亮和太阳与地球成一条直线时，月亮和太阳对地球的引潮力加在一起，引起不同寻常的海潮。这种海潮称为大潮，阴历每月初一、十五各发生一次。当月球和地球与太阳和地球这两条连线成直角时，引潮就弱，潮差也小。潮差就是高潮时海水面与低潮时海水面的高度差。潮水很低，这种潮叫作小潮。由于月亮比太阳离地球近得多，因此，月亮对海潮的影响更大。

潮汐的秘密

潮汐现象是指海水在天体（主要是月球和太阳）引潮力作用下所产生的周期性运动，习惯上把海面垂直方向涨落称为潮汐，而海水在水平方向的流动称为潮流。

凡是到过海边的人们，都会看到海水的周期性的涨落现象：到了一定时间，海水推波助澜，迅猛上涨，达到高潮；过后一些时间，上涨的海水又自行退去，留下一片沙滩，出现低潮。如此循环重复，永不停息。海水的这种运动现象就是潮汐。

潮涨潮落如同大海的呼吸，极有规律，海水退去，露出了海滩；海水上涨，又变成了一片汪洋，周而复始，循环不已。潮汐主要是海水受月球和地球相互间的引力作用而引发的；太阳也会对地球产生引潮力，但由于它离地球太远，所产生的引潮力只有月球的2/5。实际上，潮汐的变化还受地形、海水摩擦、气压等多方面影响，反映在海洋各处的潮汐是多种多样的。

潮汐的秘密是这样的：由于月亮绕着地球旋转，地球上的海洋受到月球的引力牵引作用，面对月亮的那一面就出现高潮。而与此同时，地球上远离月球的另一面也出现另一个高潮，这是因为月球对地球本身的引力牵引作用大于对其水体的作用，从而使另一面的海水向外“鼓”而造成的。在满月和新月时，太阳、月亮和地球都在一条线上，这时形成的潮异乎寻常的大，我们称之为朔望大潮。而当月亮在最初的和最后的1/4月牙时，较小的小潮就形成了。月球以29.5天的周期环绕地球的轨道并不是一个规则的圆形，当月亮到达离地球最近处（我们称之为近地点）时，朔望大潮就比平时还要更大，这时的大潮被称为近地点朔望大潮。

海浪的产生

海浪是海水的波动现象。

“无风不起浪”和“无风三尺浪”的说法都没有错，事实海上有风没风都会出现波浪。通常所说的海浪，是指海洋中由风产生的波浪。包括风浪、涌浪和近岸波。无风的海面也会出现涌浪和近岸波，这大概就是人们所说“无风三尺浪”的证据，但实际上它们是由别处的风引起的海浪传播来的。广义上的海浪，还包括天体引力、海底地震、火山爆发、塌陷滑坡、大气压力变化和海水密度分布不均等外力和内力作用下，形成的海啸、风暴潮和海洋内波等。它们都会引起海水的巨大波动，这是真正意义上的海上无风也起浪。

海浪是海面起伏形状的传播，是水质点离开平衡位置，作周期性振动，并向一定方向传播而形成的一种波动，水质点的振动能形成动能，海浪起伏能产生势能，这两种能的累计数量是惊人的。在全球海洋中，仅风浪和涌浪的总能量相当于到达地球外侧太阳能量的一半。海浪的能量沿着海浪传播的方向滚滚向前。因而，海浪实际上又是能量的波形传播。海浪波动周期从零点几秒到数小时以上，波高从几毫米到几十米，波长从几毫米到数千千米。

风浪、涌浪和近岸波的波高几厘米到20余米，最大可达30米以上。风浪是海水受到风力的作用而产生的波动，可同时出现许多高低长短不同的波，波面较陡，波长较短，波峰附近常有浪花或片片泡沫，传播方向与风向一致。一般而言，状态相同的风作用于海面时间越长，海域范围越大，风浪就越强；当风浪达到充分成长状态时，便不再继续增大。风浪离开风吹的区域后所形成的波浪称为涌浪。根据波高大小，通常将风浪分为10个等级，将涌浪分为5个等级。0级无浪无涌，海面水平如镜；5级大浪、6级巨浪，对应4级大涌，波高2～6米；7级狂浪、8级狂涛、9级怒涛，对应5级巨涌，波高6.1～10多米。

海洋波动是海水重要的运动形式之一。从海面到海洋内部，处处都存在着波动。大洋中如果海面宽广、风速大、风向稳定、吹刮时间长，海浪必定很强，如南北半球西风带的洋面上，常见浪涛滚滚；赤道无风带和南北半球副热带无风带海域，虽然水面开阔，但因风力微弱，风向不定，海浪一般都很小。

海浪对海岸线的影响

海浪拍打海岸，力大无比。一个巨大的拍岸浪，有可能是世界上最具破坏性的力量之一。它能够冲破最坚固的码头，推翻房子并把它带进大海。正是拍岸浪的这种力量，能够沿岸增添陆地或者冲掉原有的陆地。海浪还能在海岸冲出海蚀洞或者海崖，或者从海岸切割出岛屿。当然，海浪在许多方面也有可能造福于人类。例如，海浪可以搬运海洋中的沙子筑成沙坝，而且能增加沿海陆地。

风是海洋中风浪生成的外部原因。通常把在风的直接作用下，海面产生的波动叫作风浪。对于深水海域，影响风浪生成和发展的因素，首先是风速。一般地，风的速度越快，产生的风浪也就越大。另一个因素是风时，也就是同一个方向的风连续吹刮的时间。一般地说，风对水面作用的时间越长，水体获得的能量越大，风浪也就越大。自然界中的风，它们的速度和方向都是不断变化着的，根据某一个确定的风向，明确地确定风时是不容易的。风向变动可能生成不同方向的风浪，但这些风浪中绝大多数都集中在与平均风向成30度的范围之内，因此，当考虑确定风时的时候，就可以近似地把这个方向在30度范围内变化的风，都包括在内。

另外一个影响因素就是风的作用距离，一般叫作风区长度。风区的作用是不难理解的。我们站在岸边观察海中的波浪，如果风从陆地吹向海洋，很显然，离岸越近的点波浪越小，离岸越远的点波浪越大。

潮　　波

大多数海浪都是由风引起的，但是，也有少数海浪是由于火山爆发和水下地震引起的。地震在海洋下面发生时，会剧烈地冲击海水使之产生剧烈运动，从而形成潮波。它和潮汐毫不相关，因而潮波并不是潮汐波。由于它们是由地震引起的，近年来，人们已渐渐地称它们为地震海啸。

地震海啸是所有海浪中最具有破坏力的一种。它们在发生破坏以前，有可能已经走了很长一段距离。通常在6.5级以上的地震，震源深度小于20~50千米时，才能发生破坏性的地震海啸。产生灾难性的海啸，震级则要有7.8级以上。“地震海啸”发生在辽阔的海洋中，海啸波涛长达数百千米，并可达到海底数百千米深处。它以喷气式飞机的速度沿海洋运动，当它遇到陆地时会产生与原子弹爆炸相比拟的巨大破坏力。毁灭性的地震海啸全世界大约每年发生一次，尤其是最近几年发生的地震海啸破坏性极大。

由于海底激烈的地壳变化，造成大片水域突然上升或下降而引起大海浪，如海底地震、火山喷发或是海沟侧壁崩坍等，都可成为海啸的波源。当水深为5 000米时，接近于800千米／小时。海啸在大洋表面上的振幅不超过数米，但优势波波长可达数百千米的量级，优势波周期可达数十分钟。地震海啸的规模与地震震级近似有线性关系。

当海啸趋向近岸的浅水时，振幅增加，特别是在U形和V形海湾中，若湾中水的振动周期同海啸周期相近，将产生共振，振幅有时可达20~30米，并以近于垂直的波向海湾四周涌来，因此常造成巨大的灾害。

环太平洋地震带浅源大地震最多，深海海沟的分布也最广泛，故地震海啸多发生在这一海域。据统计，世界上近80%的地震海啸发生在太平洋四周沿岸地区，其中受地震海啸袭击最严重的是夏威夷，其次是日本。为减少地震海啸可能造成的灾害，在夏威夷、日本、南北美洲太平洋沿岸以及苏联的堪察加地区，都已建立了海啸警报系统。

涌　潮

所谓涌潮，是指由于外海的潮水进入窄而浅的河口后，堆积波涛激荡而成。

世界最著名的涌潮是我国的钱塘江大潮。它是发生在杭州湾（钱塘江的河口段）的一种涌潮。由于杭州湾是一个外宽内窄的大喇叭口，出海口宽达100千米，澉浦附近缩小到20千米左右，落潮时江面只有3千米宽，每到涨潮，江中一下吞进大量海水，向里推进时，由于河道突然变窄，潮水涌积，酿成高潮。加上澉浦西面水下的一巨大沙洲，河床的平均水深自原来的20米左右迅速减到2～3米，形成一道“门坎”，入内的潮水受阻，后浪赶上前浪，形成直立的“水墙”，潮头可达3.5米，潮差可达8.9米，是世界最著名的涌潮。

科学家经过研究认为，涌潮的产生还与河流里水流的速度跟潮波的速度比值有关，如果两者的速度相同或相近，势均力敌，就有利于涌潮的产生，如果两者的速度相差很远，虽有喇叭形河口，也不能形成涌潮。

还有，河口能形成涌潮，与它所处的位置、潮差大小有关。由于杭州湾在东海的西岸，而东海的潮差，西岸比东岸大。太平洋的潮波由东北进入东海之后，在南下的过程中，受到地转偏向力的作用，向右偏移，使西岸潮差大于东岸。

杭州湾处在太平洋潮波东来直冲的地方，又是东海西岸潮差最大的方位，得天独厚。所以，各种原因凑在一起，促成了钱塘江涌潮。

钱塘江与南美亚马逊河、南亚恒河并列为“世界三大强涌潮河流”。

深海底什么样

海底是在大陆坡的脚下，这是海洋真正的底部。这个区域人们常称为“深渊”，是一个未知的奇特的世界，十分神秘。实际上，深海海底是地球上尚待开发的最后一个大水域。如果我们开发海底，我们在那里发现的东西很可能就像我们在外层空间或其他行星上发现的东西那样令人惊奇。

到目前为止，海洋学家的大部分工作都是在海面上进行的。利用各种各样的声呐探测器，了解到深海海底就像陆地一样，有山脉，有高原，有峡谷，有凹地，也有丘陵和平原。不过，同陆地相比，海底有许多山更高，有许多山脉更长，有许多峡谷更深。珠穆朗玛峰是陆地上最高的山，如果把它填入一个大的海底峡谷或“海沟”之中，它上面还会盖有一千多米厚的海水。

大洋底的海床并不是平坦的，它高低起伏，比我们的陆地地形更复杂，它的峡谷能装得下喜马拉雅山山脉。更令人惊异的是，大洋底还有一条独特的、全球范围的、长达60 000千米的大山脉，它像一条巨蛇一样，蜿蜒穿过大西洋、太平洋、印度洋和北冰洋，科学家们称这座洋底大山为“大洋中脊”。

海洋的平均深度在3.62～4.02千米之间，但有的地方会超过11千米。最深的凹地通常都靠近大陆。菲律宾东面的“棉兰老海渊”，约有10.5千米深。日本东面的塔斯卡罗拉海沟也差不多有同样深，它是一系列长窄海沟中的一条，靠近包括博宁群岛、马里亚纳群岛和帕劳群岛在内的一系列岛屿的外边缘。大西洋的最深地点，在西印度群岛附近和合恩角南面。由于这些地方太深，勘察工作一直十分困难。

日本的深海探测器可到达1万多米深的洋底，研究人员能从屏幕上看到机器人仅用了35分钟就下潜到10 911.4米的深度。在这个深度，人们发现了一条海蛞蝓、蠕虫和小虾，这再次证明在地球环境最恶劣的地方，也有多种生命形式存在。

深海底有什么

科学研究表明，海水深达10米时，太阳光中的红光、橙光、黄光，就被海水吸收掉了。20米深处，绿光、紫光，已被海水吸收得所剩无几。蓝光、青光透水的能力强一些，但到40米深处，也已被吸收殆尽。当海水深度达到40米时，海底便是一片黑暗。几千米深海海底，那黑暗的程度就可想而知了。

“无底”的深海，漆黑、高压、缺氧、酷寒。深海海底有什么呢？是无声无息的死亡世界吗？

与陆地一样，在深海海底，有的地方是有温泉的，甚至是温度极高的温泉，人们称之为热泉。科学家已经探测到，在临近美国西海岸的海底深处，就有几十股热泉，泉水温度高达300摄氏度。在东太平洋上的加拉帕戈斯群岛附近的海底，多处热泉的泉水汩汩冒出，泉温达298摄氏度～320摄氏度。泉口离海面有3 000多米，“暗藏”得够深邃、隐蔽。

就是这些热泉，为海底带来了勃勃生机。在热泉附近，海水的温度显然被调高了，而有些生物天生不需要阳光，天生厌氧、耐压，这种环境正好符合它们的生长要求。它们利用温泉给予的能量，在适当温度下，吸收营养元素，一代又一代地生长繁殖，如一些尚未命名的微生物。而这些微生物，又为特殊的蠕虫、虾类、蟹类提供了食物，于是成就了深海海底的“生物共荣圈”——一类与陆地生物、浅海生物习性不同的生物。

深海的海底只有少数地方裸露出基岩，绝大多数地方都覆盖着一层来自上面海水的物质。海洋学家把这些物质称为“沉积物”或“软泥”。这些沉积物，除了来自陆地上河流夹杂的淤泥，还有其他东西。例如火山灰，它们几乎能漂遍全球，最终漂到海上，在水面上浮一会，然后就沉入海底。沙漠里的灰尘也会吹到海上。冰川夹杂的砾石、石块、小卵石等等，待冰一融化，也滚落海底。还有进入海洋上方大气层的陨石残骸，也会掉入海底。然而，所有这些东西还不算是最重要的，最重要的是数百万年以来一直生活在海洋下面的大量非常微小的微生物，它们死去以后，甲壳和骨骼便沉落海底，也形成沉积物。

在靠近大陆的地方，即大陆坡的边缘，几乎全是淤泥，它们呈蓝色、绿色、红色、黑色或白色，是由河流冲入大海的。更确切地说是细泥或软泥，它们主要是一些叫作“球房虫”的微小的单细胞生物留下的甲壳。

在温带海洋，许多海底都覆盖着一层这种甲壳。由于时间很长，留下这些甲壳的生物的品种已经有了变化，因此，有可能根据这些甲壳的种类来判断沉积物的年代。虽然每个甲壳都非常小，但由于数量巨大，它们能够覆盖数百万平方千米的海底，有时厚度达数千米。

海底还覆盖着其他生物丢弃的甲壳。例如放射虫，形状像雪花，它们在北太平洋形成了好几条宽阔的沉积物（或软泥）带。硅藻是用显微镜才能看得见的一类海洋生物，它们在海洋里的数量大得惊人，据估计，总质量超过了陆地上所有植物的总重量。这类硅藻是单细胞生物，形状有椭圆形、小船形、环形和弯曲形，它们构成了深海的大片沉积物带。如果把这些硅藻软泥从海底捞起，让其干燥，就是著名的硅藻土。这种物质可用做隔音、隔热材料，还可作为水泥和橡胶的填料以及作为硝化甘油炸药的黏合剂。由于具有研磨作用，硅藻土还广泛用来制造去污粉。

岛屿的形成

岛屿是散布在海洋、江河或湖泊中的四面环水、高潮时露出水面、自然形成的陆地。彼此相距较近的一组岛屿称为群岛。

海洋中的岛屿面积大小不一，小的不足1平方千米，称“屿”；大的达几百万平方千米，称为“岛”。按成因可分为大陆岛、海洋岛或火山岛、珊瑚岛和冲积岛。按岛屿的数量及分布特点分为孤立的岛屿和彼此相距很近、成群的岛屿（群岛）。

岛屿可分为大陆型或海洋型。海洋型岛是指那些从海洋盆地底部升高到海面的岛；大陆型岛是大陆坡上那些被水包围但未被淹没的部分。世界上比较大的岛很多属大陆型。最大的格陵兰岛，面积2 175 600平方千米，与毗邻的北美大陆是由同样的物质组成的，由一片狭窄的浅海与北美大陆隔开。同样，世界第二大岛新几内亚（面积800 000平方千米），是澳大利亚大陆台地的一部分，与大陆台地只隔着一道浅而窄的托列斯海峡。例如托列斯海峡附近的海底稍稍翘起，就足以使新几内亚与澳大利亚连接起来；相反地，海平面稍有上升就会淹没丘陵海岸，而丘顶即成岸外小岛（马萨诸塞州波士顿附近的岸外岛和缅因州的岸外岛即属此类)。

全球岛屿总数达5万个以上，总面积为约为997万平方千米，大小几乎和我国面积相当，约占全球陆地总面积的1/15。从地理分布情况看，世界七大洲都有岛屿。其中北美洲岛屿面积最大，达410万平方千米，占该洲面积的20.37%；南极洲岛屿面积最小，才7万平方千米，只占该洲面积的0.5%。南美洲最大的岛是位于南美大陆最南端的火地岛，为阿根廷和智利两国所有，面积48 400平方千米；南极洲最大的岛屿是位于别林斯高晋海域的亚历山大岛，面积43 200平方千米。

从成因上讲岛屿可分为大陆岛和海洋岛两类。大陆岛是大陆的“本家”。多呈链状分布在大陆边缘的外围。在地质构造上与附近大陆相连，只是由于地壳变动或海水上升，局部陆地被水包围而成岛屿。我国的台湾岛就是最典型的大陆岛。海洋岛按成因不同又可分为火山岛、珊瑚岛和冲积岛。由海底火山喷发，火山喷发物堆积而形成的岛屿叫火山岛。太平洋中的夏威夷岛是典型的火山岛。塑造珊瑚岛的主力军是珊瑚虫。珊瑚虫遗体堆积而成的海岛叫珊瑚岛。珊瑚岛主要分布在南北纬20度之间的热带浅海地区，以太平洋的浅海比较集中，如澳大利亚东北面的大堡礁。我国南海诸岛中的多数岛屿均为珊瑚岛。冲积岛则是由河流或波浪冲积而成的岛屿。我国长江口的崇明岛就是我国最大的冲积岛。

岛屿与大陆的标准是相对的。通常人们把澳大利亚大陆定为最小的大陆，这样格陵兰岛就成了世界最大的岛屿。

海岛上的生物呈现出极为有趣的特征。大海对一些生物是障碍，但对另一些生物却是运载工具；这些生物一旦在新的基地上安置下来，就往往在被隔绝的环境中演化发育出新的特征来。形成已久的大海阻隔，造成了甚至是相邻各岛屿之间在动物和植被方面的显著差异；从这种差异上可以推断出岛屿的由来。此外，全球生物分布区的任何详图均可说明岛屿在确定动物和植被类型分布的边界方面的重要性。例如，在巴厘岛与龙目岛之间以及婆罗洲与西里伯斯之间穿过的一条线（华莱士线）以西，岛上的生物是亚洲型的；而在那条线以东，尽管龙目海峡很狭窄，但植被和动物却是澳洲型的。大洋型岛屿往往只有几种动物群集，主要是海鸟和昆虫。岛上常常有大量植被，植物种子是由风和海流或是鸟类带到岛上的；但植物种类较为有限。

海洋中的食物链

在海洋生物群落中，从植物、细菌或有机物开始，经植食性动物至各级肉食性动物，依次形成摄食者与被食者的营养关系，称为食物链，亦称为“营养链”。食物网是食物链的扩大与复杂化，它表示在各种生物的营养层次多变情况下，形成的错综复杂的网络状营养关系。物质和能量经过海洋食物链和食物网的各个环节所进行的转换与流动，是海洋生态系统中物质循环和能量流动的一个基本过程。

海洋浮游植物和底栖植物是最主要的初级生产者。它们为植食性动物，如钩虾等浮游甲壳动物，蛤仔、鲍等软体动物，鲻、遮目鱼等鱼类，提供食物。植食性动物为一级肉食性动物所食，如海蜇、箭虫、海星、对虾以及许多鱼类、须鲸等。一级肉食性动物又为二级肉食性动物（大型鱼类和大型无脊椎动物）所食。随后，它们再被三级肉食性动物

（凶猛鱼类和哺乳动物）所食。依此构成食物链，食物链中的各个生物类群层次，叫作营养层次。

海洋中的初级生产者——海洋植物，很大部分不是直接被植食性动物所食用，而是死亡后被细菌分解为碎屑，然后再为某些动物所利用。因此，如同在陆地上和淡水中的情况，在海洋生态系中也存在着相互平行、相互转化的两类基本食物链：一类是以浮游植物和底栖植物为起点的植食食物链，另一类是以碎屑为起点的碎屑食物链。

海洋中无生命的有机物质除以碎屑形式存在外，还有大量的溶解有机物，其数量比碎屑有机物还要多好几倍。它们在一定条件下可形成聚集物，成为碎屑有机物，而为某些动物所利用。所以，在海洋生态系统的物质循环和能量流动中，碎屑食物链的作用不一定低于植食食物链。

此外，在海域中还存在一条腐食食物链。它以营腐生生活的细菌和以化学能合成的细菌为起点，在海洋生态系统中也有一定的作用。

海洋食物链较长，经常达到4～5级。而陆生食物链通常仅有2～3级，很少达到4～5级。海洋食物链的许多环节是可逆的、多分支的，加上碎屑食物链、植食食物链和腐食食物链相互交错，网络状的营养关系比陆地的更多样、更复杂。因此，在海洋中用食物网更能确切表达海洋生物之间的营养关系。

食物链只表示有机物质和能量从一种生物传递到另一种生物中的转移与流动方向，而不表示每一营养层次所需的有机物和能量的数量（即生物量和热量）。这些量的大小须视不同摄食者对所摄食食物的实际利用效率，或者说依被食者向摄食者的转换效率而定。同一种饵料由于摄食者不同，转换效率也不同。

食物链每升高一个层次，有机物质和能量就要有很大的损失。食物链的层次越多，总体效率就越低。因此，从初级生产者浮游植物、底栖植物或碎屑算起，处于食物链层次越高的动物，其相对数量越少；相反，处于食物链层次越低的动物，其相对数量越多。这便构成了生物量金字塔和能量金字塔。

太平洋

太平洋位于亚洲、大洋洲、南极洲和南、北美洲之间。南北长约15 900千米，东西最大宽度约19 900千米，面积17 968万平方千米。占世界海洋总面积的49.8%，占地球总面积的35%。太平洋是地球上四大洋中最大、最深和岛屿、珊瑚礁最多的大洋。

太平洋西南以塔斯马尼亚岛东南角至南极大陆的经线与印度洋分界，东南以通过南美洲最南端的合恩角的经线与大西洋分界，北经白令海峡与北冰洋连接，东经巴拿马运河和麦哲伦海峡、德雷克海峡沟通大西洋，西经马六甲海峡和其他海峡通印度洋，总轮廓近似圆形。平均深度为4 028米，最深处为马里亚纳海沟，深达11 034米，是目前已知世界海洋的最深点。

太平洋通常以南、北回归线为界，分南、中、北太平洋，或以赤道为界分南、北太平洋，也有以东经160度为界，分东、西太平洋的。北太平洋：北回归线以北海域，地处北亚热带和北温带，主要属海有东海、黄海、日本海、鄂霍次克海和白令海。中太平洋：位南、北回归线之间，地处热带，主要属海有南海、爪哇海、珊瑚海、苏禄海、苏拉威西海、班达海等。南太平洋：南回归线以南海域，地处南亚热带和南温带，主要属海有塔斯曼海、别林斯高晋海、罗斯海和阿蒙森海。

太平洋地区有30多个独立国家，以及十几个分属美、英、法等国的殖民地。

太平洋约有岛屿1万多个，总面积440多万平方千米，约占世界岛屿总面积的45%。大陆岛主要分布在西部，如日本群岛、加里曼丹岛、新几内亚岛等；中部有很多星散般的海洋岛屿（火山岛、珊瑚岛）。海底地形可分为中部深水区域、边缘浅水区域和大陆架三大部分。大致2 000米以下的深海盆地约占总面积的87%，200～2 000米之间的边缘部分约占7.4%，200米以内的大陆架约占5.6%。北半部有巨大海盆，西部有多条岛弧，岛弧外侧有深海沟。北部和西部边缘海有宽阔的大陆架，中部深水域水深多超过5 000米。夏威夷群岛和莱恩群岛将中部深水区分隔成东北太平洋海盆、西南太平洋海盆、西北太平洋海盆和中太平洋海盆。海底有大量的火山锥。边缘浅水域水深多在5 000米以内，海盆面积较小。

全球约85%的活火山和约80%的地震集中在太平洋地区。太平洋东岸的美洲科迪勒拉山系和太平洋西缘的花彩状群岛是世界上火山活动最剧烈的地带，活火山多达370多座，有“太平洋火圈”之称，地震频繁。

太平洋有很大一部分处在热带和副热带地区，故热带和副热带气候占优势，它的气候分布、地区差异主要是由于水面洋流及邻近大陆上空的大气环流影响而产生的。气温随纬度增高而递减。南、北太平洋最冷月平均气温从回归线向极地为零下16摄氏度～20摄氏度，中太平洋常年保持在25摄氏度左右。太平洋年平均降水量一般为1 000～2 000毫米，多雨区可达3 000～5 000毫米，而降水最少的地区不足100毫米。北纬40度以北、南纬40度以南常有海雾。水面气温平均为19.1摄氏度，赤道附近最高达29摄氏度。在靠近极圈的海面有结冰现象。太平洋上的吼啸狂风和汹涌波涛很是著名。在寒暖流交接的过渡地带和西风带内，多狂风和波涛。太平洋北部全年以冬季为多，南部以夏季为多，尤以南北纬40度附近为甚。中部较平静，终年利于航行。

太平洋洋流大致以北纬5度～10度为界，分成南北两大环流：北部环流顺时针方向运行，由北赤道暖流、日本暖流、北太平洋暖流、加利福尼亚寒流组成；南部环流反时针方向运行，由南赤道暖流、东澳大利亚暖流、西风漂流、秘鲁寒流组成。两大环流之间为赤道逆流，由西向东运行，流速每小时2千米。

大西洋

大西洋位于欧、非与南、北美洲和南极洲之间。

面积9 336.3万平方千米，约占海洋面积的25.4%，约为太平洋面积的一半，为世界第二大洋。

大西洋南接南极洲；北以挪威最北端、冰岛、格陵兰岛南端、戴维斯海峡南边、拉布拉多半岛的伯韦尔港与北冰洋分界；西南以通过南美洲南端合恩角的经线同太平洋分界；东南以通过南非厄加勒斯角的经线同印度洋分界。大西洋的轮廓略呈S形。

大西洋平均深度为3 627米。最深处在波多黎各岛北方的波多黎各海沟中，达9 212米。

根据大西洋的风向、洋流、气温等情况，通常将北纬5度作为南、北大西洋的分界。大西洋在北半球的陆界比在南半球的陆界长得多，而且海岸曲折，有许多属海和海湾。

大西洋的属海和海湾有加勒比海、墨西哥湾、地中海、黑海、北海、波罗的海、比斯开湾、几内亚湾、哈德逊湾、巴芬湾、圣劳伦斯湾、威德尔海、马尾藻海等。

大西洋的岛屿和群岛有大不列颠岛、爱尔兰岛、冰岛、纽芬兰岛、古巴岛、伊斯帕尼奥拉岛及加勒比海和地中海中的许多群岛，格陵兰岛也有一小部分位于大西洋。

大西洋海底地形特点之一是大陆坡面积较大，主要分布在欧洲和北美洲沿岸。超过2 000米的深水域占80.2%，200～2 000米之间的水域占11.1%，大陆坡占8.7%，比太平洋、印度洋都大。其二是洋底中部有一条从冰岛到布韦岛，南北延伸约15 000多千米的中大西洋海岭，一般距水面3 000米左右，有些部分突出水面，形成一系列岛屿。整条海岭蜿蜒成S形，把大西洋分隔成与海岭平行伸展的东西两个深水海盆。东海盆比西海盆浅，一般深度不超过6 000米；西海盆较深，深海沟大都在西海盆内。在南半球，中大西洋海岭主体向东、向西还伸出许多横的山脊支脉，如伸向非洲西南海岸的沃尔维斯海岭（鲸海岭），伸向南美洲东海岸的里奥格兰德海丘。在中大西洋海岭的南端布韦岛以南为一片水深5 000多米的地区，称大西洋——印度洋海盆。南桑威奇海沟深达8 428米，为南大西洋的最深点。中大西洋海岭的北端则相反，海底逐渐向上隆起，在格陵兰岛、冰岛、法罗群岛和圣得兰群岛之间，海深不到600米。大西洋东部地区，特别在北半球的热带和亚热带，有许多水下浅滩。

大西洋的气候，南北差别较大，东西两侧亦有差异。气温年较差不大，赤道地区不到1摄氏度，亚热带纬区为5摄氏度，北纬和南纬60度地区为10摄氏度，仅大洋西北部和极南部超过25摄氏度。大西洋北部盛行东北信风，南部盛行东南信风。温带纬区地处寒暖流交接的过渡地带和西风带，风力最大。在南北纬40度～60度之间多暴风；在北半球的热带纬区5～10月常有飓风。大西洋地区的降水量，高纬区为500～1 000毫米，中纬区大部分为1 000～1 500毫米，亚热带和热带纬区从东往西为100～1 000毫米以上，赤道地区超过2 000毫米。大西洋水面气温在赤道附近平均约为25摄氏度～27摄氏度，在南北纬30度之间东部比西部冷，在北纬30度以北则相反。在大西洋范围内，南、北两半球夏季浮冰可分别达南北纬40度附近。

大西洋的洋流南北各成一个环流系统：北部环流为顺时针方向运行，由北赤道暖流、安的列斯暖流、墨西哥湾暖流、加那利寒流组成，其中墨西哥湾暖流延长为北大西洋暖流，远入北冰洋；南部环流为反时针方向运行，由南赤道暖流、巴西暖流、西风漂流和本格拉寒流组成。在两大环流之间有赤道逆流，赤道逆流由西向东至几内亚湾，称为几内亚暖流。

印度洋

印度洋位于亚洲、大洋洲、非洲和南极洲之间，大部分在南半球。

面积为7 491.7万平方千米。约占世界海洋总面积的21.1%，为世界第三大洋。

印度洋西南以通过南非厄加勒斯角的经线同大西洋分界，东南以通过塔斯马尼亚岛东南角至南极大陆的经线为界与太平洋相连。印度洋的轮廓是北部为陆地封闭，南部向南极洲敞开，平均深度为3 897米。

主要属海和海湾有红海、阿拉伯海、亚丁湾、波斯湾、阿曼湾、孟加拉湾、安达曼海、阿拉弗拉海、帝汶海、卡奔塔利亚湾、大澳大利亚湾。

印度洋有很多岛屿，其中大部分是大陆岛，如马达加斯加岛和非洲东岸边缘许多小岛以及索科特拉岛、斯里兰卡岛、安达曼群岛、尼科巴群岛等。另有很多火山岛如留尼汪岛、科摩罗群岛、阿姆斯特丹岛、克罗泽群岛、凯尔盖朗群岛等。此外在中印度洋海岭北部的拉克沙群岛、马尔代夫群岛、查戈斯群岛，以及爪哇西南的圣诞岛、科科斯群岛都是珊瑚岛。

海底有一条从印度半岛西岸到澳大利亚大陆以南、自北而南向东伸延的高地，一般在水下约3 000～4 000米之间，北段为卡尔斯伯格海岭、中段为中印度洋海岭、南段为西南印度洋海岭，西折以后的部分称大西洋——印度洋海岭。这一带高地把印度洋分成东西两部分，东部为东经90度海岭，海岭南北纵贯，中印度洋海盆和沃顿海盆分列东西，海水较深，其中有些深陷的海沟，以爪哇海沟最深；西部海底地形十分复杂，有许多隆起，海岭交错分布，分隔出一系列海盆：在卡尔斯伯格海岭与亚洲海岸之间有阿拉伯海盆，卡尔斯伯格海岭与非洲海岸之间有索马里海盆。西南印度洋海岭西部有马达加斯加海盆、纳塔尔海盆和厄加勒斯海盆。东部有克罗泽海盆。印度洋南部的凯尔盖朗海岭的东、西两侧为南印度洋海盆和大西洋——印度洋海盆。这些海盆的深度均超过5 000米。在印度洋热带沿海区多珊瑚礁和珊瑚岛。

印度洋大部分位于热带，夏季气温普遍较高，冬季一般仅南纬50度以南气温才降至零下。印度洋北部是地球上季风最强烈的地区之一，在南半球西风带中的南纬40度～60度之间以及阿拉伯海的西部常有暴风，在印度洋热带纬区有飓风。阿拉伯海和孟加拉湾的东部沿岸地区、印度洋赤道附近降水丰富，年平均降水量2 000～3 000毫米之间；阿拉伯海西部沿岸降水量最少，仅100毫米左右；印度洋南部大部分地区，年平均降水量1 000毫米左右。印度洋西部南纬40度～50度之间多海雾。印度洋水面气温平均在20摄氏度～26摄氏度之间，赤道以北5月份水面气温最高可达29摄氏度以上。

南部的海流比较稳定，为一反时针方向的大环流，由南赤道暖流、莫桑比克暖流、厄加勒斯暖流、西风漂流、西澳大利亚寒流组成。北部海流因季风影响形成季风暖流，冬夏流向相反：冬季反时针方向，夏季顺时针方向。夏季浮冰最北可达南纬55度附近；冰山一般可漂到南纬40度海域，在印度洋西部，有时可漂到南纬35度海域。

北冰洋

北冰洋大致以北极为中心，为亚洲、欧洲、北美洲三洲所环抱。面积1 310万平方千米，约相当于太平洋面积的1／14。约占世界海洋总面积4.1％，是地球上四大洋中最小最浅的洋。平均深度约1 200米，南森海盆最深处达5 449米，是北冰洋最深点。

北冰洋被陆地包围，近于半封闭。通过挪威海、格陵兰海和巴芬湾同大西洋连接，并以狭窄的白令海峡沟通太平洋。

根据自然地理特点，北冰洋分为北极海区和北欧海区两部分。北冰洋主体部分、喀拉海、拉普捷夫海、东西伯利亚海、楚科奇海、波弗特海及加拿大北极群岛各海峡属北极海区；格陵兰海、挪威海、巴伦支海和白海属北欧海区。北极圈以北的地区称北极地方或北极地区，包括北冰洋沿岸亚、欧、北美三洲大陆北部及北冰洋中许多岛屿。

北冰洋地区大陆与岛屿的海岸线曲折，沿亚洲和北美洲海岸都有较宽的大陆架。

北冰洋大陆坡发达，最宽达1 200千米以上。中央横亘罗蒙诺索夫海岭，从亚洲新西伯利亚群岛横穿北极直抵北美洲格陵兰岛北岸，峰顶一般距水面1 000～2 000米，个别峰顶距水面仅900多米，有剧烈的火山和地震活动，它把北极海区分成加拿大海盆、马卡罗夫海盆（门捷列夫海岭将该海盆分隔为加拿大和马卡罗夫两个海盆）和南森海盆。海盆深度均在4 000～5 000米之间。北冰洋中部还有许多海丘和洼地。格陵兰岛和斯瓦尔巴群岛之间有一条东西向海底高地，是北极海区与北欧海区的分界。北欧海区东北部为大陆架，西南部为深水区，以格陵兰海最深，达5 500多米。

北冰洋气候寒冷，洋面大部分常年冰冻。北极海区最冷月平均气温可达零下40摄氏度～零下20摄氏度。暖季也多在8摄氏度以下；年降水量仅75～200毫米，格陵兰海可达500毫米；寒季常有猛烈的暴风。北欧海区受北太平洋暖流影响，水温、气温较高，降水较多，冰情较轻；暖季多海雾，有些月份每天有雾，甚至连续几昼夜。北极海区，从水面到水深100～225米的水温约为零下1摄氏度～零下1.7摄氏度，在滨海地带，水温全年变动很大，从零下1.5摄氏度～8摄氏度；而北欧海区，水面温度全年在2摄氏度～12摄氏度之间。此外，在北冰洋水深100～250米到600～900米处，有来自北太平洋暖流的中间温水层，水温为0摄氏度～1摄氏度。

北冰洋洋流系统由北大西洋暖流的分支挪威暖流、斯匹次卑尔根暖流、北角暖流和东格陵兰寒流等组成。北冰洋洋流进入大西洋，在地转偏向力的作用下，水流偏向右方，沿格陵兰岛南下的称东格陵兰寒流，沿拉布拉多半岛南下的称拉布拉多寒流。

北冰洋有常年不化的冰盖，冰盖面积占总面积的2/3左右。海面上分布有自东向西漂流的冰山和浮冰；仅巴伦支海地区受北角暖流影响常年不封冻。北冰洋大部分岛屿上遍布冰川和冰盖，北冰洋沿岸地区则多为永冻土带，永冻层厚达数百米。

在北极点附近，每年近6个月是无昼的黑夜（10月～次年3月），这时高空有光彩夺目的极光出现，一般呈带状、弧状、幕状或放射状，北纬70度附近常见。其余半年是无夜的白昼。

北冰洋大陆架有丰富的石油和天然气，沿岸地区及沿海岛屿有煤、铁、磷酸盐、泥炭和有色金属。如伯朝拉河流域、斯瓦尔巴群岛与格陵兰岛上的煤田，科拉半岛上的磷酸盐，阿拉斯加的石油和金矿等。

海洋生物相当丰富，以靠近陆地为最多，越深入北冰洋则越少。邻近大西洋边缘地区有范围辽阔的渔区，并遍布繁茂的藻类（绿藻、褐藻和红藻）。海洋里有白熊、海象、海豹、鲸、鲱、鳕等生物活动。苔原中多皮毛贵重的雪兔、北极狐。此外还有驯鹿、北极犬等。

北冰洋系亚、欧、北美三大洲的顶点，有联系三大洲的最短大弧航线，地理位置很重要。北冰洋沿岸有固定的航空线和航海线，主要有从摩尔曼斯克到符拉迪沃斯托克（海参崴）的北冰洋航海线和从摩尔曼斯克直达斯瓦尔巴群岛、雷克雅未克和伦敦的航线。

白令海

白令海是太平洋沿岸最北的边缘海，海区呈三角形。北以白令海峡与北冰洋相通，南隔阿留申群岛与太平洋相连。

白令海是位于太平洋最北端的水域。它将亚洲大陆（西伯利亚东北部）与北美洲大陆（阿拉斯加）分隔开。面积2 304 000平方千米，经白令海峡连接北极海。美俄国界即在白令海和白令海峡上。

白令海大致呈三角形，顶端向北，底部为由阿拉斯加半岛与阿留申群岛连接的1 600千米的长弧所形成。这些岛屿属美国阿拉斯加州的一部分。东西最宽为2 400千米，南北为1 600千米。海中岛屿很多，有阿留申群岛、努尼瓦克岛、圣劳伦斯岛、纳尔逊岛和卡拉京岛。白令海可分为大小几乎相等的两部分。沿东、北部大陆架伸展的浅海平原水深约在150米。西南海域较深的平原平均水深3 700～4 000米。

东部和北部属副极地气候，冬季气温零下35摄氏度～零下45摄氏度。风强，时有暴风雪。海水几乎全部来自太平洋。水中生物丰富，有鲑、鲱、鳕、鲽、大比目鱼等，极具经济价值。岛屿也是海狗、海獭的滋生地。北部海区海象、海豹、海狮分布在北部区域。1648年俄国探险家杰日尼奥夫率船队首先来此探险。1728年丹麦船长白令航行到此海域，因而以他的姓氏命名。

白令海的平均水深1 636米，最大水深4 773米。海域北部为宽阔的大陆架，约占总面积44%；中西部深水盆地约占总面积43%；其余是大陆坡。白令海底部沉积层主要由陆相物质组成。在海岸附近，海底覆盖着由砂砾、贝壳等组成的粗砂，离岸渐远逐渐被杂质泥所代替。在深海处由灰绿色黏土泥和冰水沉积的砂砾所覆盖。

白令海区是世界大气系统中最大梯度区之一。海域上空强烈大气活动导致经常天空浓云密布，暴风雪较多。强风激起大浪，常形成高达

8～12米的汹涌海涛。海区气温较低，北部终年低于零度，年均温为－8摄氏度，绝对最低温为－44.7摄氏度。南部、东南部，年均温2摄氏度～4摄氏度，最高气温为10摄氏度～11摄氏度。海区降水分布由北向南和自西向东递增。北部受极地气团影响，年降水量约260～380毫米；西南部和东南部受极地海洋气团影响，年降水700毫米。

白令海的海水可较自由地与太平洋温水进行交换，北部与北冰洋冷水相连，故海面水温北低南高。西部受北亚漫长而酷寒的冬季影响，海水降温深度可达150～250米。东部受北太平洋暖水影响，冬不甚寒，夏较温暖。水温的南北差异，加上气流活动影响，促使白令海表层水的物理变化剧烈。冬季水温很低，海区北部冰封千里。夏季最热月份最高水温可达8℃。增温深度可达20～30米，形成浅水温度跃层。夏季海面降雨较多和河水注入，使海区盐度降低，最低盐度可达17‰，从而使20～30米深处出现盐度跃层。两个跃层相结合，使30米以上的表层海水出现密度梯度，构成夏季显著的水文特征。

白令海域蕴藏着丰富的水产和矿产资源。据统计，鱼类约有300种以上。捕捞对象主要有鲑鱼、比目鱼、绿鳕、海胆等，其中以鲑鱼和蛤科类产量最高。此外，还有珍贵的海狸、鲸等，都很有捕捞价值。按单位面积计，白令海是世界海洋鸟类最多的栖息地，也是世界上大叶藻产量最高的海区。矿产资源以石油蕴藏量较高，而且是一个未开发的矿区之一。

白令海峡最窄处仅35千米，平均水深为45米，使太平洋与北冰洋之间深层冷水交换受到限制，因此白令海受北冰洋严寒的影响仅限于海峡南端附近海域，从而使白令海区主要受北太平洋海水交换的影响，是典型的太平洋北部边缘海。

鄂霍次克海

鄂霍次克海位于太平洋西北部。为亚洲大陆、库页岛、北海道岛、千岛群岛和堪察加半岛所包围。经千岛群岛诸海峡与太平洋相通，西南部有拉彼鲁兹海峡（宗谷海峡）与日本海相通。南北最长2 460千米，东西最宽1 480千米，面积约152.8万平方千米，平均水深838米。北部有宽阔的大陆架，往南水深增加。中部水深达1 000～1 600米，东部最深处达3 658米。海岸线较平直，总长10 460千米。较大海湾有舍列霍夫湾、乌德湾、太湾、阿卡德米湾等。海水北浅南深，平均深度821米，最深处3 521米（千岛海盆）。水容量达136.5万立方千米。盐度32.8‰～33.8‰。

鄂霍次克海北部近岸是大陆架区，中央是大陆坡区，南部萨哈林岛（库页岛）东侧和千岛群岛内侧是两个深水海盆。海盆边缘的千岛群岛位于地壳活动带，海底常发生地震和火山活动，有30个活火山和70个死火山。鄂霍次克海南北气候差异明显。北部处于高纬度，又伸入亚洲大陆，具有副极地大陆性气候，冬季严寒而漫长，夏季温暖而短促，年降水量400～700毫米；南部受海洋调节属温带海洋性气候，年降水量1 000毫米以上。1月北部平均气温零下24摄氏度，南部零下10摄氏度；8月北部平均气温11摄氏度，南部则为17摄氏度。冬季来自大陆的干冷西北风，不仅可以激起海面大浪，而且引起大范围降温，使大部分海区结冰。北部一般11月开始结冰，冰期持续到第二年6月，南部冰期大多不超过3个月。海区结冰或有浮冰，不利于航行。海区表层海流大体是从东北经中部、千岛群岛流向太平洋，与白令海来的海流汇合形成气旋式环流。海区因有寒流和暖流交汇，而有浓雾形成。海水中营养盐类较多，利于海洋生物繁殖，产堪察加蟹、鲑、鲱、鳕、鲽等。重要港口有马加丹、鄂霍次克等。

鄂霍次克海形成于第四纪（250万年至1万年前），经历了多次冰川的进退。海底坡度由北往西南下倾。按其地貌特征大致可分为陆架区、陆坡区和深水海盆。近岸陆架区占海区总面积的40%。中央部分海底为陆坡区，零星地分布着一些水下高地、洼地和海槽。深水海盆主要有两个：在库页岛东面为一宽广的捷留金海盆，地形崎岖不平；在千岛群岛内侧的是千岛海盆为深海平原，是全海区最深之处。海底沉积物，近岸带为粗砾、细砾和沙；陆架和岛架区主要为沙；深水海域沉积物则为粉沙质泥、粉沙黏土和泥质；千岛群岛地区的底质，一般多含火山碎屑物质，许多地方已形成各种粒度的凝灰岩沉积层。

大陆架面积广阔（占海底面积42%以上），约宽400千米，分布在北部和西部；靠近千岛群岛的南部是深海盆地（9%以上）；中部是带状大陆坡，交替分布有海底洼地和海底高原（48%以上）。海流从东北经中部、千岛群岛流向太平洋，与白令海来的海流汇合，形成千岛寒流；南部局部地区有暖流经过。

日本海

日本海是太平洋西部的边缘海。它位于日本群岛和亚洲大陆之间，南经朝鲜海峡（韩国称大韩海峡）与东海相通，北经宗谷海峡与鄂霍次克海相连，东经关门海峡与濑户内海相接。基本上以日本群岛与太平洋分隔开，日本海面积约为100万平方千米（一说为97.8万平方千米）。整个海域略呈椭圆形，南北长为2 300千米，东西宽为1 300千米，平均水深1 350米（一说为1 752米），容积为171.3万立方千米，最大深度3 742米（日本海盆内已发现的最大水深为4 049米）。

日本海东部的边界北起为库页岛、日本列岛的北海道、本州和九州；西边的边界是欧亚大陆的俄罗斯；南部的边界是朝鲜半岛。

1815年俄国航海家克鲁森斯特思取名日本海。南宽北窄的日本海大陆架比较狭窄，海底主要是深水海盆，大体北纬40度以北为日本海盆，面积约占日本海的一半，大部分水深3 000米以上，海底比较平坦。北纬40度以南海底地形比较复杂，有海盆、海岭、海槽等，如东部的大和海盆、西南的对马海盆。海底沉积物除近岸带为泥、沙、砾、岩石碎屑等陆相物质外，主要是海相软泥沉积物。

日本海的水域有6个海峡与外水域相通，分别为：间宫海峡、宗谷海峡、津轻海峡、关门海峡、对马海峡还有朝鲜海峡。

日本海最大深度3 742米、平均深度1 752米。位于日本海的北部和西北部有日本海盆，是最主要的海盆，另外东南部是大和海盆，还有西南部的津轻海盆。日本海的东岸较浅，大陆架较宽；海的西岸，特别是朝鲜半岛附近的水域，大陆架的延伸只有约30千米左右。黑潮的一个分支进入此海域。

海域的北部和东南部都是丰富的渔场。各国为了海域的渔获而引发不少领海纠纷。位于本海域东南部的独岛（日本称竹岛）就是韩国和日本各自声称拥有主权的地方。此外，海底带有磁性的海沙、海底丰厚的天然气及石油资源，都是各国希望得到的重要矿物。特别是从东亚经济发展起飞后，本海域的重要性更加显著。

珊瑚海

太平洋西南部海域。位于澳大利亚和新几内亚以东，新喀里多尼亚和新赫布里底岛以西，所罗门群岛以南，南北长约2 250千米，东西宽约2 414千米，面积479.1万平方千米。南连塔斯曼海，北接所罗门海，东临太平洋，西经托里斯海峡与阿拉弗拉海相通。南纬20度以北的海底主要为珊瑚海的海底高原，高原以北是珊瑚海海盆。珊瑚海因有大量珊瑚礁而得名，以大堡礁最著名，沿澳大利亚的东北岸延伸，长达1 900千米。澳大利亚东部、南太平洋诸岛、中国之间的远洋船只经过此海时，取道于大堡礁以东320千米的一条航道。亚热带气候，有台风，以1～4月为甚。经济资源有渔业和巴布亚湾的石油。

在广阔无垠的地球表面有70%的地表为水所覆盖，因此地球又被称之为“水星球”。而这70%的水大部分为大洋，大海仅是其中的一部分。在全球的大海中，面积大小、水体深度等都各不相同，其中面积最大、水体最深的海要数位于南太平洋的珊瑚海。珊瑚海中生活着成群结队的鲨鱼，所以，珊瑚海又被人们称之为“鲨鱼海”。

珊瑚海总面积达479.1万平方千米，相当于半个中国的国土面积，它的西边是澳大利亚大陆，南连塔斯曼海，东北面被新赫布里群岛、所罗门群岛、新几内亚（又名伊利安岛）所包围。从地理位置看，它是南太平洋的最大的一个属海。珊瑚海的海底地形大致由西向东倾斜，平均水深2 394米，大部分地方水深3 000～4 000米，最深处则达9 174米，因此，它也是世界上最深的一个海。珊瑚海地处赤道附近，因此，它的水温也很高，全年水温都在20摄氏度以上，最热的月份甚至超过28摄氏度。在珊瑚海的周围几乎没有河流注入、这也是珊瑚海水质污染小的原因之一。这里海水清澈透明，水下光线充足，便于各种各样的珊瑚虫生存。同时海水盐度一般在27‰～38‰之间，这也是珊瑚虫生活的理想环境，因此不管在海中的大陆架，还是在海边的浅滩，到处有大量的珊瑚虫生殖繁衍。久而久之，逐渐发育成众多的形状各异的珊瑚礁，这些珊瑚礁在退潮时，会露出海面，形成一派热带海域所独有的绚丽奇观。

这里曾是珊瑚虫的天下，它们巧夺天工，留下了世界最大的堡礁。众多的环礁岛、珊瑚石平台，像天女散花，繁星点点，散落在广阔的洋面上，因此得名珊瑚海。

海水相当洁净，又由于受暖流影响，大陆架区水温增高，这些都有利于珊瑚虫生长。珊瑚堡礁以位于澳大利亚东北岸外16～241千米处的大堡礁为最大；其次是位于巴布亚新几内亚东南岸和路易西亚德群岛一带的塔古拉堡礁；第三是从新喀里多尼亚岛向北延伸到当特尔卡斯托礁脉的新喀里多尼亚堡礁。珊瑚礁为海洋动植物提供了优越的生活和栖息条件。珊瑚海中盛产鲨鱼，还产鲱、海龟、海参、珍珠贝等。

珊瑚海海水的含盐度和透明度很高，水呈深蓝色。在大陆架和浅滩上，以岛屿和接近海面的海底山脉为基底，发育了庞大的珊瑚群体，形成了一个个色彩斑驳的珊瑚岛礁，镶嵌在碧波万顷的海面上，构成了一幅幅绮丽壮美的图景。世界有名的大堡礁就分布在这个海区。它像城垒一样，从托雷斯海峡到南回归线之南不远，南北绵延伸展2 400千米，东西宽约2～150千米，总面积8万平方千米，为世界上规模最大的珊瑚体，大部分隐没水下成为暗礁，只有少数顶部露出水面成珊瑚岛，在交通上是个障碍。

波罗的海

波罗的海得名于芬兰湾沿岸从什切青到的雷维尔的波罗的山脉，长1 600多千米，平均宽度190千米，面积42万平方千米，总贮水量2.3万立方千米，是地球上最大的半咸水水域，相当于我国渤海面积的5倍。波罗的海是个浅海。深70～100米，平均深度86米，最深处哥特兰沟459米。

波罗的海是欧洲北部的内海、北冰洋的边缘海、大西洋的属海。波罗的海位于北纬54度～65.5度之间的东北欧，呈三岔形，西以斯卡格拉克海峡、厄勒海峡、卡特加特海峡、大贝尔特海峡、小贝尔特海峡、里加海峡等海峡和北海以及大西洋相通。

波罗的海四面几乎均为陆地环抱，整个海面介于瑞典、俄罗斯、丹麦、德国、波兰、芬兰、爱沙尼亚、拉脱维亚、立陶宛9个国家之间。向东伸入芬兰和爱沙尼亚、俄罗斯之间的称芬兰湾，向北伸入芬兰与瑞典之间的称波的尼亚湾。

波罗的海是世界上盐度最低的海域，这是因为波罗的海的形成时间还不长，这里在冰河时期结束时还是一片被冰水淹没的汪洋，后来冰川向北退去，留下的最低洼的谷地就形成了波罗的海，水质本来就较好；其次波罗的海海区闭塞，与外海的通道又浅又窄，盐度高的海水不易进入；加之波罗的海纬度较高，气温低，蒸发微弱；这里又受西风带的影响，气候湿润，雨水较多，四周有维斯瓦河、奥得河、涅曼河、西德维纳河和涅瓦河等大小250条河流注入，年平均河川径流量为437立方千米，使波罗的海的淡水集水面积约为其本身集水面积的4倍。因此波罗的海的海水就很淡了。海水含盐度只有7‰～8‰，大大低于全世界海水平均含盐度（35‰）。

波罗的海是北欧重要航道，也是俄罗斯与欧洲贸易的重要通道，航运意义很大，是沿岸国家之间以及通往北海和北大西洋的重要水域，从彼得大帝时期起，波罗的海就是俄罗斯通往欧洲的重要出口。

气候变暖也有可能延长波罗的海地区的生长季节。到21世纪末期，波罗的海地区温度将升高3摄氏度~5摄氏度，使得北部地区生长季节延长20~50天，南部地区则将延长30~90天，这将有利于作物以及森林的生长。波罗的海的冰期将大大缩短，北部地区将缩短1~2个月，中部地区缩短2~3个月。

在波罗的海，每年有相当多的过往船只向大海泄漏或排泄废油，波罗的海正遭受越来越严重的污染。研究人员通过对波罗的海的哥得兰岛南部50千米的海岸环境调查发现，这里每年约有2万只海鸟因油污而丧生。据此推断，每年在波罗的海越冬的数百万只海鸟约有15万只丧命于油污。

另外，波罗的海沿岸灰海豹生存状况也已遭到周围环境污染的严重威胁，许多灰海豹受到肠溃烂等疾病影响。目前波罗的海海域约有1万只灰海豹，而在1900年时，这里的灰海豹数量为10万左右。20世纪70年代，由于受到多氯联苯（PCB）的污染，灰海豹数量便已降至4万头。

黑海

黑海是欧洲东南部和亚洲之间的内陆海，通过西南面的博斯普鲁斯海峡、马尔马拉海、达达尼尔海峡、爱琴海与地中海沟通。黑海东岸的国家是俄罗斯和格鲁吉亚，北岸是乌克兰，南岸是土耳其，西岸属于保加利亚和罗马尼亚。克里米亚半岛从北端伸入黑海，黑海东端的克赤海峡把黑海和亚速海分隔开来。

随着地壳运动和历次冰期变化，黑海与地中海间经历了多次隔绝和连接的过程，与地中海的相连状态是在6 000~8 000年前的末次冰期结束后冰川融化而形成的。黑海大陆架一般2.5~15千米，只西北部较宽达200千米以上。少岛屿、海湾。海底地形从四周向中部倾斜。中部是深海盘，水深2 000米以上，约占总面积的1/3。

黑海位于欧洲和中亚之间，四周有罗马尼亚等6个国家。黑海是世界上最大的内陆海，也是地球上唯一的双层海。黑海面积为42.03万平方千米，东西长1 180千米，从克里米亚半岛南缘到黑海南海岸，最近处263千米。东岸和南岸是高加索山脉和黑海山脉，西岸在博斯普鲁斯海峡附近，山势稍稍平坦，西南隅是伊斯特兰贾山，往北是多瑙河三角洲，西北和北边海岸地势低洼，仅南部克里米亚山脉在沿岸形成陡崖峭壁。沿岸大陆架面积只占整个水域面积的1/4，经大陆坡到达海底盆地，面积占整个水域面积的1/4。海盆底部平坦，逐渐向中心加深，最深处超过2 200米。

黑海海水平均深度为1 271米，上层为水面至200米深处，集中了几乎所有的海洋生物。200米以下为下层，因海水中含有不少硫化氢，生物极少。

黑海的含盐度较低，但是在有些水深155～310米的海域里生物几乎绝迹，鱼儿都不敢游到那里去，简直成了一片死区，是什么原因使得黑海变成了死气沉沉的大海呢?

专家通过抽样调查，发现那里的海洋生物难以生存，是因为海水受到硫化氢的污染而缺乏氧气，而黑海在和地中海对流中，把自己的较淡的海水通过表层输给了“邻居”，换得的却是从深层流入的又咸又重的水流。加上黑海海水的流速慢，上下层对流差，长年被污染的海域自然要成为“死区”了。

黑海冬季盛行偏北大风，凛冽的极地冷空气不断袭来，在黑海，尤其西北部海区掀起汹涛巨浪，景象十分壮观，成为黑海的一大特景。强冷空气还沿某些山口隘道急速下降，风速可达20～40米/秒，形成少有的强风，称布拉风。黑海地区年降水量600～800毫米，同时汇集了欧洲一些较大河流的径流量，年平均入海水量达355立方千米（其中多瑙河占60%），这些淡水量总和远多于海面蒸发量，淡化了表层海水的含盐量，使平均盐度只有12‰～22‰。表层盐度较小，在上下水层间形成密度飞跃层，严重阻止了上下水层的交换，使深层海水严重缺氧。

地中海

地中海被北面的欧洲大陆，南面的非洲大陆和东面的亚洲大陆包围着。东西长约4 000千米，南北最宽处大约为1 800千米，面积（包括马尔马拉海，但不包括黑海）约为2 512 000平方千米，是世界最大的陆间海。以亚平宁半岛、西西里岛和突尼斯之间突尼斯海峡为界，分东、西两部分。平均深度1 450米，最深处5 092米。盐度较高，最高达39.5‰。地中海有记录的最深点是希腊南面的爱奥尼亚海盆。地中海是世界上最古老的海，历史比大西洋还要古老。

地中海西部通过直布罗陀海峡与大西洋相接，东部通过土耳其海峡（达达尼尔海峡和博斯普鲁斯海峡、马尔马拉海）和黑海相连。西端通过直布罗陀海峡与大西洋沟通，最窄处仅13千米。航道相对较浅。东北部以达达尼尔海峡、马尔马拉海、博斯普鲁斯海峡连接黑海。东南部经19世纪时开通的苏伊士运河与红海沟通。 地中海是世界上最古老的海之一，而其归属的大西洋却是年轻的海洋。地中海处在欧亚板块和非洲板块交界处，是世界最强地震带之一。地中海地区有维苏威火山、埃特纳火山。

地中海的沿岸夏季炎热干燥，冬季温暖湿润，被称作地中海性气候。植被，叶质坚硬，叶面有蜡质，根系深，有适应夏季干热气候的耐旱特征，属亚热带常绿硬叶林。这里光热充足，是欧洲主要的亚热带水果产区，盛产柑橘、无花果和葡萄等，还有木本油料作物油橄榄。

尽管有诸多的河流注入地中海，如尼罗河、罗纳河、埃布罗河等，但由于它处在副热带，蒸发量太大，远远超过了河水和雨水的补给，使地中海的水收入不如支出多，由于海水温差的作用和与大西洋海水所含盐度的不同，使地中海和大西洋的海水可发生有规律的交换。含盐分较低的大西洋海水，从直布罗陀海峡表层流入地中海，增补被蒸发去的水源，含盐分高的地中海海水下沉，从直布罗陀海峡下层流入大西洋，形成了海水的环流，每秒钟多达7 000立方米。要是没有大西洋源源不断地供水，大约在300年后，地中海就会干枯，变成一个巨大的咸凹坑。

加勒比海

加勒比海是大西洋西部的一个边缘海。西部和南部与中美洲及南美洲相邻，北面和东面以大、小安的列斯群岛为界。其范围定为：从尤卡坦半岛的卡托切角起，按顺时针方向，经尤卡坦海峡到古巴岛，再到伊斯帕尼奥拉岛（海地、多米尼加共和国）、波多黎各岛，经阿内加达海峡到小安的列斯群岛，并沿这些群岛的外缘到委内瑞拉的巴亚角的连线为界。尤卡坦海峡峡口的连线是加勒比海与墨西哥湾的分界线。加勒比海东西长约2 735千米，南北宽在805～1 287千米之间，总面积为275.4万平方千米，容积为686万立方千米，平均水深为2 491米。现在所知的最大水深为7 100米，位于开曼海沟。

加勒比海也是沿岸国最多的大海。在全世界50多个海中，沿岸国达两位数的只有地中海和加勒比海两个。地中海有17个沿岸国，而加勒比海却有20个，包括中美洲的危地马拉、洪都拉斯、尼加拉瓜、哥斯达黎加、巴拿马，南美有哥伦比亚和委内瑞拉、大安的列斯群岛的古巴、海地、多米尼加共和国以及小安的列斯群岛上的安提瓜和巴布达、多米尼加、特立尼达和多巴哥等。

加勒比海因当地原居住加勒比印第安人而得名。西北通尤卡坦海峡与墨西哥湾相通，北、东通过向风海峡、莫纳海峡和大、小安的列斯群岛间一系列海峡与大西洋相通。为世界上深度最大的陆间海之一。

加勒比海盆被若干海脊分隔，使之海盆与海沟呈交错分布。最北的尤卡坦海盆，水深约为5 000米，北以220千米宽的尤卡坦海峡为界，南有开曼海脊与开曼海沟分隔开。该海脊从古巴直达中美近岸，其东部露出海面的就是开曼群岛。开曼海沟相当狭窄，加勒比海的最大水深（7 100米）就在这里。再往南，有较宽的楔形尼加拉瓜海隆，把海沟与哥伦比亚海盆分开，牙买加岛就在此海隆之上。哥伦比亚海盆深达3 666米，与委内瑞拉海盆相连接，再往东就是北委内瑞拉海沟。但从伊斯帕尼奥拉岛往西，有贝阿塔海脊把哥伦比亚海盆与委内瑞拉海盆分开。委内瑞拉海盆水深为5 058米，与狭窄而又弯曲的阿韦斯海隆相邻接。

加勒比地区植被一般为热带植物。环绕潟湖和海湾有浓密的红树林，沿海地带有椰树林，各岛普遍生长仙人掌和雨林。珍禽异兽种类繁多。旅游业是加勒比沿岸各国重要的经济部门，明媚的阳光及旅游区，已使该地区成为世界主要的冬季度假胜地。

由于海区纬度低和暖流影响，海水表层水温高，常达27摄氏度～28摄氏度，冬夏季变化幅度小，介于25.6摄氏度～28.9摄氏度 。高温利于浅滩和火山岛基座上繁殖珊瑚虫，因而海区分布着众多的珊瑚礁和珊瑚岛。加勒比海尤其是南美大陆西北部沿海受离岸风影响形成上升流，把海中营养物质带到表层，适宜浮游生物和鱼类繁育，成为拉丁美洲重要渔场，盛产金枪鱼、海龟、沙丁鱼、龙虾等。海区南部是石油产地。加勒比海是中美与南、北美洲交通、贸易航线的必经海区，自1920年巴拿马运河开通以后，又成为沟通大西洋和太平洋的重要海上通道，大大促进了加勒比海沿岸30多个国家和地区的经济发展。主要港口有加拉加斯（委内瑞拉）、科隆（巴拿马）、金斯敦（牙买加）和威廉斯塔德（荷属安的列斯群岛）等。

红海

红海是世界上海水最热的海，也是最年轻的海、世界最咸的海。

红海位于非洲东北部与阿拉伯半岛之间，形状狭长，从西北到东南长1 900千米以上，最大宽度306千米，面积45万平方千米。红海北端分叉成两个小海湾，西为苏伊士湾，并通过贯穿苏伊士地峡的苏伊士运河与地中海相连；东为亚喀巴湾。南部通过曼德海峡与亚丁湾、印度洋相连。是连接地中海和阿拉伯海的重要通道。是一条重要的石油运输通道，具有战略价值。

整个红海平均深度558米，最大深度2 514米。红海受东西两侧热带沙漠影响，常年空气闷热，尘埃弥漫，明朗的日子较少。降水量少，蒸发量却很高，盐度为41‰，夏季表层水温超过30摄氏度，是世界上水温最高的海域。8月表层水温平均27摄氏度~32摄氏度。

海水多呈蓝绿色，局部地区因红色海藻生长茂盛而呈红棕色，红海一称即源于此。

红海含盐量高的主要原因，是这里地处亚热带、热带，气温高，海水蒸发量大，而且降水较少，年平均降水量还不到200毫米。红海两岸没有大河流入，在通往大洋的水路上，有水下石林及岩岭，大洋里稍淡的海水难以进来，红海中较咸的海水也难以流出去。科学家还在海底深处发现了好几处大面积的“热洞”。大量岩浆沿着地壳的裂隙涌到海底，岩浆加热了周围的岩石和海水，出现了深层海水的水温比表层还高的奇特现象。热气腾腾的深层海水泛到海面加速了蒸发，使盐的浓度越来越高。因此，红海的海水就比其地方的海水咸多了。

科学家们进一步研究认为，在距今约4 000万年前，地球上根本没有红海，后来在今天非洲和阿拉伯两个大陆隆起部分轴部的岩石基底，发生了地壳张裂。当时有一部分海水乘机进入，使裂缝处成为一个封闭的浅海。在大陆裂谷形成的同时，海底发生扩张，熔岩上涌到地表，不断产生新的海洋地壳，古老的大陆岩石基底则被逐渐推向两侧。后来，由于强烈的蒸发作用，使得这里的海水又慢慢地干涸了，巨厚的蒸发岩被沉积下来，形成了现在红海的主海槽。

到了距今约300万年时，红海的沉积环境突然发生改变，海水再次进入红海。红海海底沿主海槽轴部裂开，形成轴海槽，并沿着轴海槽发生缓慢的海底扩张。根据红海底最年轻的海洋地壳带推算，这一时期红海海底的平均扩张速度为每年1厘米左右。由于红海不断扩张，它东西两侧的非洲和阿拉伯大陆也在缓慢分离。

通过对红海成因的研究，科学家们又联想到大西洋的成因。今日辽阔的大西洋在2亿年前，也是一个狭长的水带，它周围的大陆像今天的红海一样，也是靠得很近的。由于漫长的地质时期的海底扩张作用，大西洋形成了今天的面貌。而且，类似于红海的海底蒸发岩沉积，在大西洋西岸南美洲的巴西海域和东岸西非洲的海域下也有埋藏。此外，在红海轴海槽中的一些小海盆中富集的重金属矿物，在大西洋西岸美国东部海岸中也有所发现。

由此可见，今天的红海可能是一个正处于萌芽时期的海洋，一个正在积极扩张的海洋。1978年，在红海阿发尔地区发生的一次火山爆发，使红海南端在短时间内加宽了120厘米，就是一个很好的例证。如果按目前平均每年1厘米的速度扩张的话，再过几亿年，红海就可能发展成为像今天大西洋一样浩瀚的大洋。

● 小链接

死海不是海

死海位于西亚，南北长80千米，东西宽为5～16千米，其海面低于地中海海面392米，最深处为395米。死海是世界上盐度最高的天然水体之一，水中除细菌外，水生植物和鱼类很难生存，沿岸树木也极少，因此被命名为“死海”。

死海是一个内陆盐湖，位于巴勒斯坦和约旦之间的约旦谷地。西岸为犹太山地，东岸为外约旦高原。约旦河从北注入。约旦河每年向死海注入5.4亿立方米水，另外还有4条不大但常年有水的河流从东面注入，由于夏季蒸发量大，冬季又有水注入，所以死海水位具有季节性变化，从30至60厘米不等。

死海长80千米，宽处为18千米，表面积约1 020平方千米，平均深300米，最深处415米。湖东的利桑半岛将该湖划分为两个大小深浅不同的湖盆，北面的面积占3/4，深415米，南面平均深度不到3米。无出口，进水主要靠约旦河，进水量大致与蒸发量相等，为世界上盐度最高的天然水体之一。

死海含盐量极高，且越到湖底越高，是普通海洋含盐量的10倍。最深处有湖水已经化石化（一般海水含盐量为35‰，而死海的含盐量在 230‰~250‰左右。表层水中的盐分每公升达227至275克，深层水中达327克。）。由于盐水浓度高，游泳者极易浮起。涨潮时从约旦河或其他小河中游来的鱼立即死亡。岸边植物也主要是适应盐碱环境的盐生植物。死海是很大的盐储藏地。死海湖岸荒芜，固定居民点很少，偶见小片耕地和疗养地等。

在深水中达到饱和的氯化钠沉淀为化石。死海是一个大盐库。据估计，死海的总含盐量约有130亿吨。但近年来科学家们发现，死海湖底的沉积物中仍有绿藻和细菌存在。

湖水呈深蓝色，非常平静。富含盐类的水使人不会下沉，但也无法游泳。把一只手臂放入水中，另一只手臂或腿便会浮起。如果要将自己浸入水中，则应将背逐渐倾斜，直到处于平躺状态。

死海的水含盐量极高，越到海底含盐量越大。湖中实际上有两个不同的水团。自水面至深处，水温19摄氏度~37摄氏度不等，水中含有丰富的硫酸盐和碳酸氢盐。下层水团含盐量更高（大约为332‰），含有硫化氢和高浓度的锰、镁、钾、氯和溴。深水中有饱和的氯化钠沉淀到湖底。下层水已化石化（即很咸和很浓，长期沉在湖底）；上层水是圣经时代后几世纪时的古代水。

死海在日趋干涸。在漫长的岁月中，死海不断地蒸发浓缩，湖水越来越少，盐度也就越来越高。在中东地区，夏季气温高达50摄氏度以上。唯一向它供水的约旦河水被用于灌溉，所以死海面临着水源枯竭的危险。不久的将来，死海将不复存在。

第二篇

海洋之谜

海底平顶山

海底平顶山又称“盖奥特”。盖奥特这一称谓是发现海底平顶山的美国海洋地质学家H·赫斯于1942年10月为纪念他的瑞士地理老师而命名的。海底平顶山是位于大洋底部呈孤立分布的、顶部截平的、高出海底很大高度的圆锥形体。它的基底往往是过去的火山，上部是珊瑚礁体，礁体厚度可达1 500米。平顶山大多分布在太平洋中，如瓦列里厄海底平顶山、约翰逊角海底平顶山、赫斯海底平顶山、林恩海底平顶山等。

海底山有圆顶，也有平顶。平顶山的山头好像是被什么力量削去的。以前，人们也不知道海底还有这种平顶的山。第二次世界大战期间，为了适应海战的要求，需要摸清海底的情况，便于军舰潜艇活动。美国科学家普林顿大学教授H·赫斯当时在“约翰逊”号任船长，接受了美国军方的命令，负责调查太平洋洋底的情况。他带领了全舰官兵，利用回声测深仪，对太平洋海底进行了普遍的调查，发现了数量众多的海底山，它们或是孤立的山峰，或是山峰群，大多数成队列式排列着。这是由于裂谷缝隙中喷溢而出的火山熔岩形成的。这是人类首次发现海底平顶山。这种奇特的平顶山有高有矮，大都在200米以下，有的甚至在2 000米水深。凡水深小于200米的平顶山，赫斯称它为“海滩”。1946年，赫斯正式命名位于200米深的平顶山为“盖奥特”。

海平面下的这些平顶山，就好像有一个天神抡起一把板斧，一斧下去，把山尖削了去。从外形看，平顶山是一个上小下大的锥状体。平顶的直径一般在5 000～9 000米，而基座为10 000～20 000米。从山顶到半山腰较陡，而从半山腰往下坡度变缓，呈逐级阶梯下降。在世界各大洋中，太平洋中的平顶山最多，已经得到证实的就有150多个。在太平洋的阿留申海沟附近，离海面2 700米的深处有一群平顶山；在马绍尔群岛，离海面1 200～2 200米处也有一群平顶山。太平洋中部的海山，距离海面多为1 500米左右，而阿拉斯加附近的平顶山离海面只有四五百米。

对于平顶山的形成，可以分两方面加以解释：首先要解释平顶山锥的形成问题。一般认为海底平顶山是海底火山喷出物堆积的结果，也就是说，它们个个都是海底火山喷发形成的火山锥。这点已经得到证实。人们在平顶山找到了大量火山喷发岩——玄武岩。其次，要解释山锥平顶的由来。这个问题比较复杂，有多种说法。

按照最早发现海洋平顶山的赫斯的说法，原来平顶山是露出海面的火山岛，后来由于海水长时间的侵蚀，山头部分被“削”平，才形成今天的平顶山。为这个论点提供强有力证据的是，有人在平顶山顶部找到了一些磨圆度很好的玄武岩砾石。这些砾石的存在，说明平顶山曾经在一段时间里接近海面，受到过海浪的洗礼。因为，假如海浪能对碎石起到磨蚀作用，当时的海深顶多只有一二十米。而今天的平顶山顶已经在海下好几百米，甚至达1 000米以上。在这个深度，海浪是无论如何也不会起到什么作用的。科学家们估计，在海浪对火山岩石进行磨圆的同时，也把火山的尖顶削平了。

另外一种说法是，平顶山的“平顶”是当年火山喷发后形成的火山口，由于当时火山口接近海平面，使大量珊瑚在四周繁衍，形成环礁。在漫长的地质历史中，死亡的珊瑚大量堆积在火山口一带，使火山口变平，最后形成了平顶山。

这两种解释孰对孰错，人们还没有达成共识。即使是第一种被大家比较容易接受的看法，最近也受到了严重的挑战。因为有人在调查平顶山的时候，意外发现山顶上的岩石比山脚下的岩石年龄要老得多。这就难坏了科学家们。因为按照地质学的基本规律，既然平顶山是多次海底火山喷发堆积形成的，那么，早期喷发物必然埋在山下，而较新的喷发物必然出现在山顶。

不管平顶山的成因如何，现在它都正日益受到人们的重视。渔民在远洋捕捞作业时，经常发现凡是平顶山所在的海区，多数都是鱼类成群的地方。这是因为，受海下突出地形的影响，海流在这里往往形成一股很强的上升流，上升流从海底带来大量有机质，是鱼儿极好的饵料。

海底烟囱

20世纪70年代以来，工业化生产一直保持迅猛发展势头，能源消耗连年递增，发达国家高耸入云的大烟囱夜以继日地喷涌着浓重的烟尘。对陆地有限的自然资源连续多年大规模机械化采掘和源源不断地燃烧已使其储量日趋枯竭，为此世界各国纷纷将人类未来资源的希望倾注于海洋，并开始了海底探矿寻宝的热潮。自1977年10月美国伍兹霍尔海洋研究所所属深海潜艇“阿尔文”号在加拉帕戈斯群岛海域率先发现海底热泉生态区以来，海洋学家又先后在墨西哥西部沿海以北的北纬10度海底和北纬21度的胡安·德富卡海隆下勘察到大规模热泉区并分别进行过数次综合考察。胡安·德富卡海底热泉区中拥有多处喷涌升腾矿物质的黑烟囱。这些奇异的自然景观引起了科学家极大的兴趣和关注，他们近期的科学考察又获得新的收获和重要的发现。

距西雅图以西300英里处太平洋海下，胡安·德富卡板块不断与太平洋板块碰撞，因此造成沿胡安·德富卡海隆海底地层出现坼裂和扩张，地球内部源源不绝喷涌而出的熔岩冷却固着成新的海底地壳并将古老的海床置于其下并取而代之。海水在地心引力作用下倾泻深入地裂中，同时形成海底环流将熔岩中大量的热能和矿物质携带和释放出来。当炽热的海水再度喷射到裂缝上冰冷的海水中，其中的矿物质被溶解并形成一缕缕漆黑的烟雾。矿物质遇冷收缩最终沉积成烟囱状堆积物，地裂中热液顺烟道喷涌而出形成景致奇异、妙趣横生的海底热泉。

加利福尼亚州蒙特雷水族生物研究所海洋地质学家德布拉·斯特克斯确悉，海底黑烟囱的构筑绝非仅仅是地质构造活动的结果。其中神奇莫测的热泉生物建筑师的艰辛劳作也功不可没，不容忽视在热泉口周围拥聚生息着种类繁多的蠕虫，其中管足蠕虫可长到18英寸，它们独具特色的生存行为特别引人注目。斯特克斯和助手特里·库克发现这些底栖生物在营造烟囱中起着至关重要的作用。

为查明黑烟囱矿物成分，斯特克斯从3座黑烟囱内采集了18英寸长的岩心，经潜心研究后才揭示了其中奥秘。他们发现岩心上布满了含有硫酸钡亦称重晶石的凹陷管状深孔，研究人员确认这些管状孔穴系蠕虫长期生存行为的结果。鉴于热泉口旁蠕虫遍布，因此尚难断定究竟哪些蠕虫擅长打洞筑巢。

从管洞外形来看极有可能是活跃的、喜迁居的管足蠕虫长期挖掘作业的产物。解剖分析表明，管足蠕虫内脏中的细菌可从热液所含亚硫酸氢盐中获取氢原子维持生命，细菌还可把海水中的氢、氧和碳有机地转化生成碳水化合物，为蠕虫提供生存所需的食物。这种化学反应的结果遗留下硫元素，蠕虫排泄的硫又促使海水中的钡和硫酸发生催化反应。长此以往蠕虫死后便在熔岩中遗留下管状重晶石穴坑。

斯特克斯推测一座座海底烟囱演化生成过程可能在蠕虫聚集热泉口周围就早已开始了，胡安·德富卡海隆下蠕虫建筑师精心创造的自然奇观令人叹为观止。它们开凿的洞穴息息相通犹如礁岩迷宫，从而使热液将矿物质源源不断地输送上来并堆砌烟道。当黑烟囱在热泉周围落成后，熔岩上深邃的管状洞口穴就成为矿物热液外流的通道，从而形成海底黑烟热泉奇观，直到通道自身被矿物结晶体堵塞才告停息。从多处海底热泉采样分析来看，矿产资源丰饶，种类繁多。据悉，美国科学家正加紧研制大型深海考察潜艇并准备对深海热泉进行全面研究，同时向国际社会发出呼吁：要求设立深海热泉自然保护区。

骷髅海岸

因失事而破裂的船只残骸，杂乱无章地散落在世界上一条最危险荒凉的海岸上。

这条海岸绵延在古老的纳米比亚沙漠和大西洋冷水域之间，长500千米，葡萄牙海员把它称为“地狱海岸”，现在叫作骷髅海岸。这条海岸备受烈日煎熬，显得荒凉，却异常美丽。1859年，瑞典生物学家安迪生来到这里，一阵恐惧向他袭来，使他不寒而栗。他大喊：“我宁愿死也不要流落在这样的地方。”

从空中俯瞰，骷髅海岸是一大片褶痕斑驳的金色沙丘，从大西洋向东北延伸到内陆的砂砾平原。沙丘之间闪闪发光的蜃景从沙漠岩石间升起。围绕着这些蜃景的是不断流动的沙丘，在风中发出隆隆的呼啸声。

骷髅海岸充满危险，有交错水流、8级大风、令人毛骨悚然的雾海和深海里参差不齐的暗礁，令来往船只经常失事。传说有许多失事船只的幸存者爬上了岸，庆幸自己还活着，孰料竟给风沙慢慢折磨至死。骷髅海岸外满布各种沉船残骸。

1933年，一位瑞士飞行员诺尔从开普敦飞往伦敦时，飞机失事，坠落在这个海岸附近。有一位记者认为，诺尔的骸骨终有一天会在骷髅海岸找到。骷髅海岸从此得名。可是诺尔的骸骨却一直没有找到。

1942年英国货船“邓尼丁星”号载着21位乘客和85名船员在库内河以南40千米处触礁沉没。经过求援，3个婴儿以及42名男船员乘坐汽艇登上了岸。这次救援是最困难的一次，几乎用了4个星期的时间才找到所有遇难者的尸体和生还的船员与乘客，并把他们安全地送回文明世界。这次救援共派出了两支陆路探险队，从纳米比亚的温得和克出发，还出动了3架本图拉轰炸机和几艘轮船。其中一艘救援船触礁，3名船员遇难。

1943年在这个海岸沙滩上发现了12具无头骸骨横卧在一起，附近还有一具儿童骸骨；不远处有一块久经风雨的石板，上面有一段话：“我正向北走，前往一条河边。如有人看到这段话，照我说的方向走，神会帮助你。”这段话刻于1860年。至今没有人知道遇难者是谁，也不知道他们是怎样暴尸海岸的，又为什么都掉了头颅。

在海岸沙丘的远处，7亿年来因为风的作用，把岩石刻蚀得奇形怪状，犹如妖怪幽灵，从荒凉的地面显现出来。

在海边，大浪猛烈地拍打着缓斜的沙滩，把数以百万计的小石子冲上岸边，带来了新的姿彩。花岗岩、玄武岩、砂岩、玛瑙、光玉髓和石英的卵石被翻上滩头。

南风从远处的海吹上岸来，纳米比亚布须曼族猎人把这种风称为

“苏乌帕瓦”。它吹来时，沙丘表面向下塌陷，沙粒彼此剧烈摩擦，发出咆哮之声。对遭遇海难后在阳光下暴晒的海员，以及那些在迷茫的沙暴中迷路的冒险家来说，海风有如献给他们的灵魂挽歌。

死神岛

在距加拿大东部哈利法克斯200千米远的北大西洋上，有一座令船员们心惊胆战的孤零零的小岛，名叫赛布尔岛。据记载，曾有500多艘船只沉没于此，5 000多人丧生在这里的海底。所以，人们称这一小岛为“沉船之岛”。这里的海域被称为“大西洋的坟场”。这是一个狭长的小岛，它犹如一轮弯月映照在这里的海面上。岛上一片细沙，只零零星星地生长着一些沙滩小草和矮小的灌木。历史上之所以有这么多的船只在这里遇难，是因为该岛的位置经常发生迁移变化，岛的附近又是大面积浅滩，许多地方水深仅有2～4米，加上气候恶劣，风暴常见，所以船只搁浅沉没事件屡有发生。但是对这样一个既会旅行又充满灾难的小岛，航海者为什么不避开，反而都自投罗网呢？是岛移动的速度太快令人避之不及，还是其他原因？人们不得而知。

海洋中是否有“无底洞”

在希腊克法利尼亚岛阿哥斯托利昂港附近的爱奥尼亚海域，有一个许多世纪以来一直在吸取大量海水的无底洞。据有人估计，每天失踪于这个无底洞里的海水竟有3万吨之多，曾经有人推测，这个无底洞，就像石灰岩地区的漏斗、竖井、落水洞一类地形。我国四川省兴文县的石海洞乡，就有这样的一个大漏斗。它的长径650米，短径490米，深208米。无论是暴雨倾盆，还是山水骤至，其底部始终不积水。科学家采用各种检测手段，总是能够重新找到消失于漏斗里的水流的踪迹，它们或近或远总会在地面上重新出现。可是，克法利尼亚岛附近的海底无底洞却与此不同，在那里消失的海水怎么也找不到。

为了揭开这个谜，美国地理学会曾派遣一支考察队先后两次到那里考察、试验。第一次试验毫无结果。第二次考察队员用玫瑰色的塑料小粒替水做“记号”。他们把130千克重的这种肩负特殊使命的物质，统统掷入到打旋转的海水里。片刻工夫，所有的小粒塑料就像一个整体，全部被无底深渊所吞没。科学家指望这一次可以把秘密揭穿，哪怕能在附近找到一粒玫瑰色的塑料也好，但是，他们的计划仍然落空了。

到现在，谁也不知道为什么这里的海水会没完没了地“漏”下去，这个无底洞的出口又在哪里？每天大量的海水究竟都流到哪里去了？

在印度洋北部海域，北纬5度13分，东经69度27分附近，有一处半径约5.6千米的“无底洞”。这里的洋流属于典型的季风洋流，受热带季风影响，一年有两次流向相反的洋流。多艘轮船在此沉没。这片海域有着异常的振动及电磁反应，故有人称之为“无底洞”。1992年8月，装备有先进探测仪器的澳大利亚“哥伦布”号科学考察船在此科考，他们认为“无底洞”可能是个尚未认识的海洋“黑洞”。探测发现，其附近海水振动频率低且波长较长，由此推测“黑洞”可能存在着一个由中心向外辐射的巨大的引力场，但具体还有待于进一步考察。他们还在“无底洞”及附近探测到7艘失事的船只。

至今谁也不知道为什么这里的海水竟然会没完没了地“漏”下去？这个“无底洞”的出口又在哪里？这些海中“无底洞”成了未解之谜。

古地中海之谜

在距今100多年前，德国地质学家诺伊玛尔，根据中生代侏罗纪（1.95亿年前至1.37亿年前）海的形成层次的分布及其化石，认为从中美洲直到印度，曾有一个东西延伸的海，这个海被称为“中央地中海”。按照他所绘的古地图，中央地中海的南侧有巴西、埃塞俄比亚大陆，以及由此分出的印度半岛和马达加斯加岛。北侧是包括北美、格陵兰在内的尼亚库蒂克大陆和斯堪的纳维亚等岛屿，东侧是被太平洋隔着的印度支那、澳大利亚。

奥地利著名的学者修斯则认为，这个地中海东边还经过苏门答腊而延长到帝汶岛。修斯把这个海取名为特提斯海，并将北侧大陆命名为安哥拉古陆，南侧是有名的冈瓦纳大陆。所说的特提斯是出于希腊神话中的海神俄刻阿诺斯的妻子之名。修斯认为，特提斯海是从古生代末二叠纪（2.85亿年前至2.3亿年前）开始，中生代继续存在，到新生代第三纪（0.67亿年前至0.025亿年前）因阿尔卑斯造山运动陆地化。现在的地中海，仅是古地中海的残余部分。自那以来，古地中海的古地理及生物相，被许多学者探讨着。大陆漂移学说的创立者魏格纳认为，古地中海是横穿联合古陆东西的浅海。

到20世纪50年代，根据古地磁学的研究，使大陆漂移学说带来复活。而且，关于大陆分裂漂移前的古地理的复原也不少。一般认为，古地中海是包围联合古陆的超大洋——泛大洋，从古太平洋方向，以楔形插入联合古陆的海洋。

可是，现在的大陆内部，存在着被称之为蛇绿岩带的超基性、基性岩或燧石等远洋沉积岩的杂岩，并有带状或线状分布的地带。若根据板块构造学说，这是海洋地壳的一部分，它原是宽阔的洋底的岩石，是在大陆的漂移、碰撞时突入的部分。所以，蛇绿岩带相当于两个大陆的“缝合线”。最近，根据这样的观点，探讨了古地中海的变迁。例如，形成喜马拉雅山脉北缘的印度河——图安波缝合线的蛇绿岩带是中生代（2.3亿年前至0.67亿年前）的古地中海。但因印度次大陆以冈瓦纳大陆分离北上缩小，而在第三纪与亚洲大陆碰撞时，留下古地中海的残片。这个缝合线经俾路支（在巴基斯坦西部）延至阿尔卑斯山脉，被认为是阿尔卑斯造山时形成的。

一方面，在北侧有与这缝合线大致相平行的蛇绿岩带，它从土耳其的安纳托利亚高原，穿过高加索、埃尔布鲁士山，横穿西藏，延伸到印度支那地块两侧。在地质学上，这个缝合线的形成时期，是从三叠纪

（2.3亿年前至1.37亿年前）经过侏罗纪中期，相当于金梅利亚造山前期（东亚印度支那运动）且更加古老。根据这事实，在这两个缝合线间的陆地，是冈瓦纳大陆分裂之前的古地中海，它区别于由于分裂漂移而新产生的古地中海。总之，相当于俄刻阿诺斯的前妻和后妻。

如果这样，那追寻蛇绿岩带的形成时间，要追溯到哪儿呢？联合古陆是在石炭纪（3.5亿年前至2.85亿年前）后期，即似乎是在赫尔西尼亚造山期，由欧亚大陆和冈瓦纳大陆合成一体形成的，好像是在泥盆纪（4亿年前至3.5亿年前）至石炭纪两者分开而成了宽阔的海洋。其形状、方向接近修斯所认为的形象。事实上，也有人把在石炭纪以前的古地中海叫“古地中海”。不过，它与本来定义地从二叠纪至中生代的古地中海是很不一样的。1977年有个叫阿宾杰的学者称它为“赫尔西尼亚海”。另外，在地球膨胀论中，古地中海是被大陆围着狭窄的地中海。

海底下沉之谜

众所周知，海洋中最深的地方是海沟，它们的深度都在6 000米以上。海沟附近发生的地震是十分强烈的。据统计，全球80%的地震都集中在太平洋周围的海沟及其附近的大陆和群岛区。这些地震每年释放出的能量，可与爆炸10万颗原子弹相比。有趣的是。海沟附近发生的都是浅源地震。向着大陆方向，震源的深度逐渐变大，最大深度可达700千米左右。把这些地震源排列起来，便构成一个从海沟向大陆一侧倾斜下去的斜面。1932年，荷兰人万宁· 曼纳兹利用潜水艇测定海沟的重力，发现海沟地带的重力值特别低。这个结果使他迷惑不解，因为根据地块漂浮的地壳均衡原理，重力过小的地壳块体应当向上浮起，而实际上海沟却是如此的幽深。经过一番研究，万宁· 曼纳兹认为，可能是海沟地区受到地球内部一股十分强大的拉力的作用，所以才有下沉的趋势，从而形成幽深的海沟。

20世纪60年代，人们认识到大洋中脊顶部是新洋壳不断生长的地方。在中脊顶部每年都要长出几厘米宽的新洋底条带（面积约3平方千米），而地球表面面积却并没有逐年增大，可见，每年必定有等量的洋底地壳在别的什么地方被破坏消失了。地球科学家发现，在100~200千米厚的坚硬岩石圈之下，是炽热、柔软的软流圈，在那里不可能发生地震。之所以有中、深源地震，正是坚硬岩石圈板块下插进软流圈中的缘故。这些中、深源地震就发生在尚未软化的下插板块之中。海沟地带两侧板块相互冲撞，从而激起了全球最频繁、最强烈的地震。也正因为洋底板块沿海沟向下沉潜，才造成了如此深的海沟。通过以上分析，可以看出曼纳兹的理论是有道理的。

那么，是什么力量导致洋底板块俯冲潜入地下的呢？有学者认为，洋底岩石圈密度较大，其下的软流圈密度偏低，所以洋底岩石圈板块易于沉入软流圈中。俯冲过程中，随着温度、压力升高，岩石圈发生变化，密度还会进一步增大。这就好比桌布下垂的一角浸在一桶水中，变重了的湿桌布可能把整块桌布拉向水桶。海沟总长度最长的太平洋板块在全球板块中具有最高的运动速度，有人据此认为海沟处下插板块的下沉拖拉作用可能是板块运动的重要驱动力。如果确实如此，洋底板块理应遭受扩张应力作用，而近年来的测量发现，洋底板块内部却是挤压应力占优势。这一事实对于重力下沉的说法是个不小的打击。

另有一些学者提出地幔物质对流作用的观点，认为大洋中脊位于地幔上升流区，海沟则处在下降流区，正是汇聚下沉的地幔流把洋底板块拉到地幔中去的。这一看法与上述万宁·曼纳兹的见解是一脉相承的。但是，目前我们还缺乏地幔对流的直接证据。也有一些学者强调地幔物质粘度太高。很难发生对流。

对于海底为什么会下沉的问题，科学家们仍在积极地进行研究探索。

大洋锰结核矿成因之谜

海底锰结核是由英国人首先发现的。1873年2月18日，英国“挑战者”号考察船来到加那利群岛西南约300千米的海面进行海底取样调查。结果从海底捞上来几块像黑煤球的硬块。船上的几位科学家准都没有见过这种“黑色的卵石块”。后来，这些“黑卵石块”送回英国。经过化验分析，才知道它不是化石，而是含有大量锰、铁、铜、镍、钴等元素的矿石。后来，人们给这种矿石起名叫“大洋锰结核”或“大洋多金属结核”等。由于锰结核矿大量存在于世界各大洋之中，是海洋中最有价值的矿产，所以进入20世纪70年代后，世界上有条件的海洋国家，投以巨资，对大洋锰结核矿进行调查，研究其开发的可能性。

尽管人们已经花了大量的人力和物力去研究海底锰结核，然而大洋锰结核的成因之谜，仍未解开。科学家提出种种成因假说，但是，每种假说都有其不够完善的地方。

关于锰结核成因问题的研究，主要是围绕着三个问题进行：什么是锰结核构成元素供给源？锰结核的沉积地点是怎样形成的？锰结核的生长肌理是什么？

关于锰结核的金属供应源问题、科学家提出四种方式：一是大陆或岛屿上岩石风化后分解出了金属离子，被风或是河流带入海洋。二是海底火山、海底风化和水溶液可以为锰结核提供所需的金属元素。三是海水本身是盐类溶液，它可能是最重要的金属元素供应源。四是宇宙尘埃等外空物质也能形成锰结核的元素供给源，尽管它的数量不大。

这些元素通过各种渠道和不同的搬运方式，来到具备形成锰结核的“核”上，经过漫长的岁月，形成了结核，最后形成大小不等的锰结核硬块。在研究这些金属元素的搬运方式上，科学家们没有多大的争议，大家都赞成是通过海水溶解后来到锰结核的“核”上的。然而，科学家对锰结核的生长机理，却存在着较大的分歧。围绕着锰结构的生长机理，人们提出了种种的理论模式，概括起来，主要有三种：第一种为自生化学沉积假说，或者叫作接触氧化和沉淀说。这种观点认为，当海底的pH值增高时，氢氧化铁便会围绕一个核心进行沉淀，氢氧化铁的沉淀物可吸附锰离子，并且产生催化作用，促使二氧化锰不断生成。这种解释虽给人以启发，但是它仍有不完备的地方。第二种假说是生物成因说。这种理论的根据是，用扫描电子显微镜观察锰结核的表面和内部细微构造时，发现结核的表面有很多由底栖微生物形成的空管和微窟窿，当其形成管子时，摄取了大量的微结核于壳内。第三种假说是火山活动说。这种理论认为，火山爆发喷发出大量气体，在气体从熔岩中析出过程中，伴随着大量的锰、铁、铜及其他微量金属。这些微量金属进入海水中后，沉淀出铁的含水氧化物，使锰和其他金属经过氧化，形成锰结核矿。对于这种假说，有人提出：很多非火山活动海域内，也发现大量的锰结核，这又该作何种解释呢？

大西洋裂谷探秘

从前，人们以为洋底像锅，越往中央越深，而洋底一定是平坦的。1873年，英国海洋考查船“挑战者”号，用普通测海锤，测得大西洋中间有一带比较高的地方，好像是一座大山。

1925～1927年，德国海洋考查船“流星”号，用回声探测仪，探查到了那座大山，还给它画了图像：这座大山在大西洋中部，由北向南，呈S状绵延，长27 780千米，宽1 100～1 800千米，山顶锯齿形，平均高出洋底3 000米。它如同一条巨龙，伏卧在洋底，成为大西洋的一条“脊梁骨”。因此，科学家给它起了一个十分形象的名字“大西洋中脊”。

1953年，美国地质学家尤因和希曾惊奇地发现，大西洋中脊与大陆上的山脉大不一样。它好像被谁用一把快刀，顺着山的走势，逢中劈开一道裂缝。这条裂缝深1～2千米，科学家叫它“裂谷”。

“冰岛裂谷”是大西洋中脊露出水面的地方。1967年，英国地质学家带领一队人马到冰岛，他们在裂谷两边的山尖插上标杆，严格监视，定期测量标杆的距离。他们的辛劳终于有了成果——几年之内，标杆之间的距离比原来拉开了5～8厘米。明白了，大西洋中脊的裂谷，正在不断扩展！科学家们十分纳闷，是谁劈开了山岭，使伤口不断“化脓”，而且越张越大呢?

后来，问题终于得到了解决。美国和法国首先制造了“深潜器”，人坐在里边，可以安全下潜到几千米深的洋底。1972～1974年，美法科学家联合行动，美国出了一艘“阿尔文”号；法国开出两艘，一艘叫“阿基米德”号，一艘叫“塞纳”号。他们沉到2 800米深的亚速尔群岛大裂谷底部，在深潜器强聚光灯的照耀下，从小小的玻璃窗往外瞧——他们看到在宽约2 000米的裂谷底下到处都是裂口，好像是一个个张开的大嘴巴。那些大嘴巴，正在喷吐热水。从裂口里溢出的熔岩，在洋底凝固：有的如一卷卷棉纱；有的如同挤出的牙膏；有的像一条条钢管；有的垒成一座座尖锥形的火山口……这里正是大西洋底地壳裂开的地方，一股无比巨大的力量，从地下升起，正使劲把裂谷朝两旁推开。这儿正在制造地震和火山!

事实证明，大西洋正在以每年1～4厘米的速度扩张。几亿年前，南北美洲、欧洲和非洲大陆，原本是一家，由于地壳由北向南断开了一个裂口，海水涌入，淹成了一条海沟。海底裂口不断，爆发火山涌出熔岩，将地壳朝东西两边推去。经过了漫长的1.5亿年，便成了现在这个样子。翻开世界地图，南美巴西的大直角，刚好同非洲几内亚湾吻合在一起。北美和欧洲也有类似的情形。这一点早已被“大陆漂移说”的创立者魏格纳所证实。

人们不禁要问，将来会怎样？科学家预测，5 000万年后，大西洋还要张开1 000千米。由于印度洋也在扩展地盘，也许几亿年后，太平洋关闭，美洲大陆就会同亚洲大陆撞在一起。其实，这只不过是一种极简单的推想。因为地壳的运动非常复杂，决不单是大西洋中脊这种情形。

神秘的水下建筑

1958年，美国动物学家范伦坦博士来到大西洋巴哈马群岛进行观测研究。范伦坦是个深海潜水好手，在水下考察时，他意外地在巴哈马群岛附近的海底发现了一些奇特的建筑。这些建筑是一些古怪的几何图形——正多边形、圆形、三角形、长方形，还有连绵好几海里的笔直的线条。

10年之后的1968年，范伦坦博士宣布了新的惊人发现：在巴哈马群岛所属的北彼密尼岛附近的海底，发现了长达450米的巨大丁字形结构石墙，这道巨大的石墙是由每块超过1立方米的巨大石块砌成的。石墙还有两个分支，与主墙成直角。范伦坦博士兴奋不已，他继续探测，并很快发现了更加复杂的建筑结构——平台、道路还有几个码头和一道栈桥。整个建筑遗址好像是一座年代久远的被淹没的港口。

“飞马”鱼雷的发明者，法国工程师兼潜水家海比考夫来到现场，他是水下摄影的高手，用当时最新的技术勘察了这一片海域，并拍下了几张照片。这些照片发表后，在世界上引起了很大轰动。

1974年，一艘苏联考察船也来过这里，并进行了水下摄影和考察，再次证明了这些水下建筑遗址的存在。

很快，巴哈马群岛一带便挤满了世界各地赶来的科学家、潜水家、新闻记者和探险者。而围绕着这些水下石墙的争论也越来越多。有些地质学家指出，这些石墙不过是较为特别的天然结构，并非人工筑成。但更多的学者认为是人造的。对这些建筑究竟是谁造的这一点上，他们的看法也很不一致。有人认为，巴哈马与玛雅人的故乡尤卡坦半岛相距不远，因此这可能是史前玛雅人的古建筑，由于地壳变动而沉入水下。有人则从巴哈马海域陆地下沉的时间上推算，认为这些水下建筑建成于公元前七八千年间，因此应该出自南美古城蒂瓦纳科的建造者之手，但蒂瓦纳科的建造者是谁本身就是个谜。

还有一些人说，1945年已故的美国预言家凯斯，在生前曾做过一个预言，宣称亚特兰蒂斯将会于1968年或1969年在北彼密尼岛海域重现，如今范伦坦这个发现，正好印证了凯斯的预言，因此这里就是那个在公元之前沉没了的著名的亚特兰蒂斯。

当然更多严肃的科学家们拒绝按预言来判断，但人们又无法作出较为圆满的解释。而只能笼统地回答，这些水下建筑“大概是人造的”，年代“相当久远”。至于到底是谁造的，造于什么时候，至今仍没有人能够回答。

埃弗里波斯海峡之谜

世界各地的海洋潮汐，均有规律可循，并可进行潮汐升降涨退的预报；世界各地的海流，都有各自相对固定的路径、流向和流速，即使发生变化，也有规律可循。唯有埃弗里波斯海峡的海波、流向和流速变化不定，没有规律．变化的原因不明。当然也就无法进行预测。

著名的埃弗里波斯海峡，是位于希腊本土与希腊第二大岛——埃维厄岛之间的一条长长的海峡。

自古以来，埃弗里波斯海峡就是个神秘莫测的地方。早在古希腊时代。大哲学家、科学家亚里士多德和许多的科学家就对这里的奇异的水流产生了浓厚的兴趣，企图解开这令人迷惑的水流之谜。

原来，在埃弗里波斯海峡中部的卡尔基斯市附近，海水的流向反复无常。一昼夜之间往往要变化6～7次，有时甚至要变化11～14次。与此同时，海水流速可达每小时几十海里，这给过往船只带来了很大的危险。有时候，变幻莫测的海面突然变得十分宁静，海水停止了流动，然而可能不到半个小时，海水又汹涌澎湃、奔腾咆哮起来。也有的时候，海水竟能一连几个小时朝着一个方向奔流而去。

继亚里士多德以后，2 000多年来，许多国家的各方面专家，纷纷对埃弗里波斯海峡令人费解的水流进行了研究和探索，最终均一无所获。

不久前，希腊科学家提出，这种现象是地中海海水的自然波动、起伏所致。然而，这种看法早在古希腊时亚里士多德即已提出，并不是什么新的理论，更无法具体说明埃弗里波斯海峡水流异常的原因。

第三篇

海洋生物

海洋里到底有多少种生物

海洋里到底有多少种生物？大概没有人能说出具体数字。全世界的科学家们正在进行一项空前的合作计划，为所有的海洋生物进行鉴定和编写名录。目前已经登录的海洋鱼类大概有15 304种，最终预计海洋鱼类大约有2万种。而目前已知的海洋生物有21万种，预计实际的数量则在这个数字的10倍以上，即210万种。

这个计划叫作海洋生物普查，科学家们预计要花上10年时间，共有来自53个国家的300多位科学家参与到这个空前的合作计划中来，让全世界的海洋科学家在一起合作。从21世纪开始，平均每星期就有3个新的海洋物种被发现。根据这个研究计划，大约还有5 000种海洋鱼类以及成千上万种其他各种各样的海洋生物还没被发现。

这个普查计划希望能够评估各种海洋生物的多样性、地理分布和数量，并且解释上述情况如何随着时间而改变。这个计划有什么现实意义呢？海洋生物的普查可以找出目前已经濒危的生物以及重要的繁殖区域，可以帮助渔业管理机构发展出有效的连续经营策略。而随着成千上万的新种海洋生物被发现，科学家将开发出新的海洋药物和工业化合物。

海洋生物普查科学委员会主席、美国路特葛斯大学的弗雷德里克格拉塞尔说：“这是21世纪第一场伟大的发现之旅的开始。更重要的是，这是全球性的努力，去测量海洋的各种生物，也让我们知道我们应该做些什么去防止海洋生物继续消失。”海洋至今仍然是未被探勘的领域，我们对于海洋里的生物所知非常有限。海洋生物普查首席科学家说：“海洋生物的多样性不只是海洋状况的重要指针，同时也是保护海洋环境的关键。”

美丽的海底珊瑚

“珊瑚到底是植物，还是动物?”这是大多数人的疑问。为什么珊瑚有着植物的外观，却又有着动物的特性?从生物学的观点来看，珊瑚是动物，珊瑚虫（最小的生活单位）是由许多细胞组成的，会利用摆动的触手，捕抓海水中的小型浮游生物作为食物；但又因为身体不能移动，而必须依靠水流将浮游生物带到身体附近。因此，珊瑚生长良好的区域通常是水流强劲的海域。

珊瑚虫只有水螅型的个体，呈中空的圆柱形，下端附着在物体的表面上，顶端有口，围以一全圈或多圈触手。触手用以收集食物，可以作一定程度的伸展，上面有特化的细胞（刺细胞），刺细胞受刺激时翻出刺丝囊，以刺丝麻痹猎物。卵和精子由隔膜上的生殖腺产生，经口排入海水中。受精通常发生于海水中，有时也发生在胃循环腔内。通常受精仅发生于来自不同个体的卵和精子之间。受精卵发育为覆以纤毛的浮浪幼体，能游动。数日至数周后固着于固定表面上发育为水螅型体。也可以出芽的方式生殖。芽形成后不与原来的水螅体分离。新芽不断形成并生长，于是形成群体。新的水螅体生长发育时下的老水螅体死亡，但骨骼仍然留在群体上。软珊瑚、角质珊瑚及蓝珊瑚为群体生活。群体中的每个水螅体各有8条触手，胃循环腔内有8个隔膜，其中6个隔膜的纤毛用以将水流引入胃循环腔，另两个隔膜的纤毛用以将水引出胃循环腔。骨骼为内骨骼。软珊瑚分布广泛，其骨骼由互相分离的含钙骨针组成。一些种类呈盘状，另一些则有指状的突出物。角质珊瑚在热带浅海中数量丰富，外形呈带状或分支状，长度可达3米，角质珊瑚包括所谓贵珊瑚（红珊瑚、玫瑰珊瑚），现实中可用作首饰。其中常见的种类有地中海的赤珊瑚。蓝珊瑚见于印度洋和太平洋中石珊瑚形成的珊瑚礁上，形成直径达2米的块状。石珊瑚是最为人熟知、分布最广泛的种类，单体或群体生活。与黑珊瑚和刺珊瑚一样，隔膜数为6或6的倍数，触手简单而不呈羽状。

美丽的“海菊花”——海葵

陆地上的菊花只在秋季开放，而在烟波浩渺的海洋中，却有一种四季盛开不败的“海菊花”，它就是海葵。

海葵看起来虽然很像植物，其实却是动物。海葵共有 1 000 多种，栖息于世界各地的海洋中，从极地到热带、从潮间带到海底深处都有分布，而数量最多的还是在热带海域。海葵有着各种各样的颜色，绿的、红的、白的、橘黄的、有斑点或具条纹的或多色的，这些色彩来自何处？一是本身组织中的色素，另外来自与其共生的共生藻。共生藻不仅使海葵大为增色，而且也为海葵提供了营养。生活在热带珊瑚礁中的几种海葵，白天伸展着有色彩的部分使共生藻充分进行光合作用，到了晚上触手再伸出来以捕食。

海葵没有骨骼，属于腔肠动物，代表了从简单有机体向复杂有机体进化发展的一个重要环节。它是一种原始而又简单的动物，只能对最基本的生存需要产生反应。海葵环绕在一个共同的消化系统周围的每一只触手能决定它所接触到的食物是否适宜，却没有向其他触手传递信息的功能。海葵的神经系统无法辨别周围环境的变化，只有通过实际的接触和受到刺激才会发生反应。

海葵没有主动出击的能力。但海葵并不都是永久附于一处，有的缓缓滑行，有的靠触手做翻转运动，还有的能在水中进行短距离的游泳。极个别的海葵还会靠自身的气囊倒挂在水层中浮游。

海葵看上去像一朵美丽柔弱的鲜花，但实际上却是一种靠摄取水中的动物为生的食肉动物。它的呈放射状的两排细长的触手伸展开来，在消化腔上方不停摆动，就像一朵朵盛开的菊花，非常的美丽，吸引那些好奇心盛的游鱼。虽然不能主动出击获取猎物，但是当它的触手一旦受到刺激，即使是轻微的一掠，它都能毫不留情地捉住到手的猎物。海葵的触手长满了倒刺，这种倒刺能够刺穿猎物的肉体。它的体壁与触手均具有刺丝胞，那是一种特殊的有毒器官，会分泌一种毒液，用来麻痹其他动物以自卫或摄食。海葵鲜艳动人的触手对小鱼来说，是一种可怕的陷阱。海葵所分泌的毒液，对人类伤害虽不大，但如果我们不小心摸到它们的触手，就会有刺痛或瘙痒的感觉。假如吃下煮熟的海葵，就会产生呕吐、发烧、腹痛等中毒症状。因此，海葵既摸不得也吃不得。

海葵除了依附岩礁之外，还会依附在寄居蟹的壳上。当寄居蟹长大要迁入另一个较大的新壳时，海葵也会主动地移到新壳上。这样海葵和寄居蟹双方都得到好处。由于寄居蟹喜好在海中四处游荡，使得原本不移动的海葵随着寄居蟹的走动，扩大了觅食的领域。对寄居蟹来说，一则可用海葵来伪装，二则由于海葵能分泌毒液，可杀死寄居蟹的天敌，因此保障了寄居蟹的安全。

海葵除了与寄居蟹互利共生之外，还与一种小丑鱼共同生活。小丑鱼的体表能分泌黏液，用来防止海葵刺细胞的蜇刺。当海葵依附在岩礁上动弹不得时，这种红身白纹的小丑鱼会在漂亮的触手处游动，以引诱其他的小鱼上钩。海葵在捕捉到猎物，饱餐之后，小丑鱼就可以捡食一些残渣。此外，小丑鱼遇到敌人攻击时，就赶紧逃到海葵的触手间躲避。总之，小丑鱼以海葵为避难所，而海葵借着小丑鱼以获得更多。

脊椎动物之祖——文昌鱼

文昌鱼最早是德国科学家佩拉斯1774年发现的，认为它是一种软体动物，1838年英国耶尼尔把它称作两头类，1932年科学家博瑞将它定名为鳃口类。还有人说，文昌二字起源于“文昌帝君”，说是文昌诞辰之日才有的，所以叫文昌鱼。另外，文昌鱼的种类也不是仅此一种，全世界有12种之多。

文昌鱼其实并不是真正的鱼。它似鱼而非鱼，像蠕虫又不是蠕虫，两头尖尖，身体左右侧扁，样子就像一把外科用的手术刀，长不过60毫米，全身透明，喜欢生活在浅海有着贝壳碎片或棘皮动物碎片的、粗而松的沙子里，爱吃硅藻等单细胞藻类。它们不善于游泳，有时从沙中钻出来，借身体的左右摆动，游到另一个地方，迅速游进沙里，然后将头露出来，从水里过滤食物吃。

高等动物包括鱼、龟、鸟、兽甚至我们人类，身体背部都有一条纵贯全身的脊梁骨，科学上称为脊柱。脊柱是由一节节的脊椎骨相连而成的。有脊椎骨的动物就叫作脊椎动物，而没有脊椎骨的动物如对虾、贝类、蚯蚓、蝴蝶等，往往被称为无脊椎动物。在生物进化史上，脊椎动物是由无脊椎动物逐渐发展而来的，但脊椎骨并不是一步形成的：首先发展到有脊索，再由脊壳慢慢骨化发展而成脊椎。脊索就是一条支持结构，像棍棒一样支撑着全身，并且它能弯曲，很有弹性。凡有脊索的动物就称作脊索动物。文昌鱼就有这么一条纵贯全身的脊索，甚至向前延伸到最前端，达到相当于脊椎动物头部的地方（文昌鱼还没有真正的头部），所以科学上就把文昌鱼叫头索动物。

由此看来，文昌鱼代表着由无脊椎动物发展到脊椎动物的过滤类型，起着承上启下的作用。所以，文昌鱼虽小，但它是世界上的稀有动物，对研究生物进化有着重要的意义。文昌鱼被发现以后，立即受到了科学家的重视，达尔文曾说，文昌鱼的研究是“伟大的发现，它提供了指示脊椎动物起源的钥匙”。

蛋白质含量最高的生物——磷虾

磷虾种类很多，全世界有85种，南极海域有8种，其中数量最多的是南极磷虾。磷虾外表呈金黄色，体内有微红色的球形发光器。每当夜晚，成群的磷虾在受惊急速逃窜时，能散发出一种蓝色美丽的磷光。这种磷虾很小，长仅4～6厘米，600只～1 500只才够1千克。磷虾的幼虾生长缓慢，要经过12个成长阶段，第二年才能发育成熟。磷虾的寿命一般为5年。磷虾的数量众多，有人估计资源量约为50亿吨。所以在磷虾密集区，海水几乎是红色的。

南极磷虾是生活在南大洋中的一种甲壳类浮游动物，个体不大，体长一般3～5厘米。但是蕴藏量却十分惊人，约4～6亿吨，也有一种说法认为有50亿吨。它在南大洋食物链中起着重要作用，是海豹、鲸和企鹅的食物，也是重要的海洋生物资源。

磷虾的生活史是相当有趣的。磷虾的卵排到水里后，在其孵化前不断下沉，一边下沉，一边孵化，一直下沉到数百米甚至2 000多米，才孵化出幼体。幼体在发育过程中不断上浮，边上浮，边发育，当幼体发育成小虾阶段时，它也几乎到达海水表层了。这时，它可以在表层觅食、生长、集群。当其发育成熟，又进行下一代的繁殖。

磷虾是人们今天已经发现的含蛋白质最高的生物，蛋白质含量达50%以上，而且还富含人体组织所必需的氨基酸和维生素A。每10只磷虾所含的蛋白质就可以同两百克烤肉的营养价值相当。磷虾虾皮很薄，肉却很丰富，肉既细嫩又鲜美，可以同对虾相媲美。磷虾还有药用价值。因此，磷虾已经成为世界捕渔业者捕捞的对象。

潜水冠军——抹香鲸

抹香鲸是齿鲸中最大的一种，头极大，前端钝，所以又称为巨头鲸，也名真甲鲸，它主要栖息于南北纬70度之间的海域中。体长18～25米，体重20～25吨。它体色呈灰黄色，头部特别大，呈楔形，占体长的1／3，身体粗短，行动缓慢笨拙。现存量由原来的85万头下降到43万头。

它的身体的背面为暗黑色，腹面为银灰或白色。上颌和吻部呈方桶形，下颌较细而薄，前窄后宽，与上颌极不相称。有20～28对圆锥形的狭长大齿，每枚齿的直径可达10厘米，长约20厘米。喷水孔在头部前端左侧，只与左鼻孔通连，右鼻孔阻塞，但与肺相通，可作为空气储存箱使用，呼吸时喷出的雾柱以45度向左前方倾斜。无背鳍。鳍肢较短。尾鳍宽大，宽约3.6～4.5米。

抹香鲸常结成5～10只，多至200～300只的群体。性凶猛。主食大型乌贼、章鱼，也吃鱼类。繁殖期有激烈的争雌行为。妊娠期12～16个月。每胎仅产1仔，偶见2仔，幼仔体长4～5米，哺乳期1～2年，7～8岁时性成熟，最长寿命可达75年。抹香鲸隶属齿鲸亚目抹香鲸科，是齿鲸亚目中体型最大的一种，雄性最大体长达23米，雌性17米。

抹香鲸这种头重脚轻的体型极适宜潜水，加上它嗜吃巨大的头足类动物，因此大部分时间栖于深海，常因追猎巨乌贼而"屏气潜水"长达1.5小时，可潜到2 200米的深海，所以它是哺乳动物潜水冠军。

抹香鲸常与无脊椎动物之最的大王乌贼展开一场刀光剑影的厮杀。大王乌贼最大者达18米，重30吨。有人曾在热带海洋看到抹香鲸与巨乌贼搏斗的激烈场面，它们从深海一直打到浅海。不是抹香鲸吃掉大王乌贼，就是大王乌贼用触腕把鲸的喷水孔盖死使巨鲸窒息而死，如果那样，抹香鲸反倒成为大王乌贼的"美餐"了。

抹香鲸对巨乌贼的嗜好，是一种最珍贵的海产品——"龙涎香"的来源。抹香鲸把巨乌贼一口吞下，但消化不了乌贼的鹦嘴，这时候，抹香鲸的大肠末端或直肠始端由于受到刺激，引起病变而产生一种灰色或微黑色的分泌物，这些分泌物逐渐在小肠里形成一种黏稠的深色物质，通常重100～1 000克，也曾有420千克的，这种物质即为"龙涎香"。它储存在结肠和直肠内，刚取出时臭味难闻，存放一段时间逐渐变香，胜"麝香"。龙涎香内含25%的龙涎素，是珍贵香料的原料，是使香水保持芬芳的最好物质，用于香水固定剂。同时也是名贵的中药，有化痰、散结、利气、活血之功效。但不常有，偶尔得到重50～100千克的一块，便会价值连城，抹香鲸便由此而得名。

晶莹剔透的腔肠动物——水母

在那蔚蓝色的海洋里，栖息着许多美丽透明的水母，它们一个个像降落伞似的漂浮在大海里，婀娜多姿的容貌使人赞叹不绝。

水母身体的主要成分是水，并由内外两胚层所组成，两层间有一个很厚的中胶层，不但透明，而且有漂浮作用。它们在运动之时，利用体内喷水反射前进，远远望去，就好像一顶圆伞在水中迅速漂游。当水母在海上成群出没的时候，紧密地像整体一样深浮在海面上，显得十分壮观。波涛如雪，蔚蓝的海面点缀着许多优美的伞状体，闪耀着微弱的淡绿色或蓝紫色光芒，有的还带有彩虹般的光晕。许多水母都能发光。细长的触手向四周伸展开来，跟着一起漂动，色彩和游泳姿态美丽极了。水母的伞状体内有一种特别的腺，可以产生一氧化碳，使伞状体膨胀。而当水母遇到敌害或者在遇到大风暴的时候，就会自动将气放掉，沉入海底。海面平静后，它只需几分钟就可以生产出气体让自己膨胀并漂浮起来。

水母虽然长相美丽温顺，其实十分凶猛。在伞状体的下面，那些细长的触手是它的消化器官，也是它的武器。在触手的上面布满了刺细胞，像毒丝一样，能够射出毒液，猎物被刺蜇到以后，会迅速麻痹而死。触手就将这些猎物紧紧抓住，缩回来，用伞状体下面的息肉吸住，每一个息肉都能够分泌出酵素，迅速将猎物体内的蛋白质分解。因为水母没有呼吸器官与循环系统，只有原始的消化器官，所以捕获的食物立即在腔肠内消化吸收。

水母一旦遇到猎物，从不轻易放过。但它和海葵一样，也有自己的伙伴。有一种小牧鱼，体长不过7厘米，行动灵活，能够巧妙地避开水母触手上的刺细胞，但偶尔也有不慎死于毒丝下的。遇到大鱼游来，小牧鱼就游到巨伞下的触手中间，将大鱼引诱到水母的狩猎范围内使其丧命，水母饱餐一顿的同时，小牧鱼也能得到水母剩下的残渣。

威猛而致命的水母也有天敌，一种海龟就可以在水母的群体中自由穿梭，轻而易举地用嘴扯断它们的触须，使其只能上下翻滚，最后失去抵抗能力，成为海龟的一顿“美餐”。

水母中最大的是分布在大西洋里的北极霞水母，它的伞盖直径可达2～5米，伞盖下缘有8组触手，每组有150根左右。每根触手伸长达40多米，而且能在1秒钟内收缩到只有原来长度的1/10。触手上有刺细胞，能翻出刺丝放射毒素。当所有的触手伸展开时，就像布下了一个天罗地网，网罩面积可达500平方米，任何凶猛的动物一旦投入罗网，必将束手就擒。

水母触手中间的细柄上有一个小球，里面有一粒小小的听石，这是水母的“耳朵”。由海浪和空气摩擦而产生的次声波冲击听石，刺激着周围的神经感受器，使水母在风暴来临之前的十几个小时就能够得到信息，于是，它们就好像是接到了命令，从海面一下子全部消失了。科学家们曾经模拟水母的声波发送器官做试验，结果发现能在15小时之前测知海洋风暴的讯息。

水母虽然是低等的腔肠动物，却是三代同堂，令人羡慕。水母生出小水母，小水母虽能独立生存，但亲子之间似乎感情深厚，不忍分离，因此小水母都依附在水母身体上。不久之后，小水母生出孙子辈的水母，依然紧密联系在一起。

兽中之“王”——蓝鲸

蓝鲸是世界上最大的哺乳动物，体长一般为24米，重量为100吨以上。最大的蓝鲸大约相当于32头大象、300多头牛的重量。

蓝鲸全身体表均呈淡蓝色或鼠灰色，背部有淡色的细碎斑纹，胸部有白色的斑点，褶沟在20条以上，腹部也布满褶皱，长达脐部，并带有赭石色的黄斑。雌兽在生殖孔两侧有乳沟，内有细长的乳头。头相对较小而扁平，有2个喷气孔，位于头的顶上，吻宽，口大，嘴里没有牙齿，上颌宽，向上凸起呈弧形，生有黑色的须板，每侧多达300～400枚，长90～110厘米，宽50～60厘米。在耳膜内每年都积存有很多蜡，根据蜡的厚度，可以判断它的年龄。在它的上颌部还有一块白色的胼胝，曾经是生长毛发的地方，后来，毛发都退化了，就留下一块疣状的赘生物，成了寄生虫的滋生地。由于这块胼胝在每个个体上都不相同，就像是戴着不同形状的“帽子”，所以可以据此区分不同的个体。背鳍特别短小，其长度不及体长的1.5%，鳍肢也不算太长，约为4米左右，具4趾，其后缘没有波浪状的缺刻，尾巴宽阔而平扁。整个身体呈流线型，看起来很像一把剃刀，所以又被称为“剃刀鲸”。

蓝鲸通常捕食它能找到的最密集的磷虾群，这意味着蓝鲸白天需要在深水（超过100米）觅食，夜晚才能到水面觅食。觅食过程中蓝鲸的潜水时间为一般为10分钟。蓝鲸捕食的过程中一次吞入大群的磷虾，同时吞入大量的海水。然后挤压腹腔和舌头，将海水经鲸须板挤出。当口中海水排出干净后，蓝鲸吞下剩下的不能穿过鲸须板的磷虾。

蓝鲸的食物还有其他虾类、小鱼、水母、硅藻，以及各种浮游生物等，相形之下，生活在北方海域的蓝鲸，体型比生活于南极附近水域的要小，一般认为这与其食物的种类和数量有着密切的关系。

蓝鲸在冬季繁殖。母鲸怀胎一年后才生小鲸。刚产下的幼鲸体长就有7.5米左右，重约6吨，经过24小时的喂奶，它的体重就能增加100千克左右，平均每分钟增加约75克。幼鲸经过7个月的哺乳后，体重可达到23吨左右，体长约16米，并开始学着张嘴吞食各种浮游生物。小蓝鲸要5岁才算成年。

由于多年来世界各国在各大海洋中竞相猎捕，现在体长在25米以上的蓝鲸已经很少见了。另外，磷虾的大量捕捞，也使蓝鲸的觅食活动受到了很大的影响。据统计，半个世纪以前，全世界的蓝鲸大约还有30万只之多，到1974年尚有25 000只，现在蓝鲸的数量缓慢回升，2014年估计种群数量在10 000 ~ 25 000头之间。但是这种世界上最大动物的前景仍然十分危险。

美丽的食肉动物——海星

海星主要分布于世界各地的浅海底沙地或礁石上，我们对它并不陌生。然而，我们对它的生态却了解甚少。海星看上去不像是动物，而且从其外观和缓慢的动作来看，很难想象出，海星竟是一种贪婪的食肉动物，它对海洋生态系统和生物进化还起着非同凡响的重要作用。这也就是它为何在世界上广泛分布的原因。

人们一般都会认为鲨鱼是海洋中凶残的食肉动物。而有谁能想到栖息于海底沙地或礁石上，平时一动不动的海星，却也是食肉动物呢！不过实际上就是这样。由于海星的活动不能像鲨鱼那般灵活、迅猛，所以，它的主要捕食对象是一些行动较迟缓的海洋动物，如贝类、海胆、螃蟹和海葵等。它捕食时常采取缓慢迂回的策略，慢慢接近猎物，用腕上的管足捉住猎物并将整个身体包住它，将胃袋从口中吐出、利用消化酶让猎获物在其体外溶解并被其吸收。

海星有着奇特的星状身体，它盘状身体上通常有5只长长的触角，但看不到眼睛。人们总以为海星是靠这些触角识别方向，其实不然。美、以两国科学家的研究发现，海星浑身都是“监视器”。海星缘何能利用自己的身体洞察一切？原来，海星在自己的棘皮皮肤上长有许多微小晶体，而且每一个晶体都能发挥眼睛的功能，以获得周围的信息。科学家对海星进行了解剖，结果发现，海星棘皮上的每个微小晶体都是一个完美的透镜，它的尺寸远远小于现在人类利用现有高科技制造出来的透镜。海星棘皮中的无数个透镜都具有聚光性质，这些透镜使海星能够同时观察到来自各个方向的信息，及时掌握周边情况。在此之前，科学家以为，海星棘皮具有高度感光性，它能通过身体周围光的强度变化决定采取何种隐蔽防范措施，另外还能通过改变自身颜色达到迷惑“敌人”的目的。

另外，海星还有一种特殊的能力——再生。海星的腕、体盘受损或自切后，都能够自然再生。海星的任何一个部位都可以重新生成一个新的海星。因此，某些种类的海星通过这种超强的再生方式演变出了无性繁殖的能力，它们就更不需要交配了。不过大多数海星通常不会进行无性繁殖。

海洋中的刺客——海胆

海胆是人们比较生疏的一种海洋生物，它的别名叫棘锅子、海刺猬、棘球和海针；它的体形呈球形，有的呈半球形；它的身上长着一个个带刺的紫色仙人球，因而，它又叫“海中刺客”，它和海参、海星同属于棘皮动物门，自列一纲——海胆纲。

海胆大多生活于海底，喜欢栖息在海藻丰富的潮间带以下的海区礁林间或石缝中，以及坚硬沙泥质浅海地带，具有避光和昼伏夜出的特性。目前，世界上已发现有900多种海胆。

海胆特别爱吃海带、裙带菜以及浮游生物，也吃海草和泥沙。海胆是藻类养殖业的天敌。有些鱼类会在海藻上产卵，所以，也是鱼类的敌人。

海胆是海洋里一种古老的生物。据科学考证，海胆在地球上距今已有近亿年的生存历史。

海胆雌雄异体。雌体海胆可常年产卵。在繁殖方面，海胆也十分奇特：即在一个局部海区，如有海胆的生殖腺生物存在，就能引起这个海区中所有性成熟的海胆全部排卵或排精。有的人戏称这种现象为“生殖传染病”。受精卵一般在10多个小时内就能分裂进入囊胚期，约45天就能长成幼海胆，3年成熟。海胆的再生能力很强，身上的棘刺和外部器官一旦损伤脱断，便能很快再生，就连外壳的裂痕和伤口也会自动愈合。

海胆的药用价值也极为广泛。海胆的外壳、海胆刺、海胆卵黄等，可预防心血管疾病；同时，海胆壳还可制成工艺品，有些厂家还开发海胆食品，把海胆制成冰鲜海胆、酒精海胆和海胆酱等。

然而，并不是所有的海胆都可以吃，有不少种类是有毒的。这些海胆看上去要比无毒的海胆漂亮得多。例如，生长在南海珊瑚礁间的环刺海胆，它的粗刺上有黑白条纹，细刺为黄色。幼小的环刺海胆的刺上有白色、绿色的彩带，闪闪发光，在细刺的尖端生长着一个倒钩。它一旦刺进皮肤，毒汁就会注入人体，细刺也就断在皮肉中，使皮肤局部红肿疼痛，有的甚至出现心跳加快、全身痉挛等中毒症状。

海中鸳鸯——蝴蝶鱼

当人们见到陆地上飞舞的蝴蝶时会赞声不绝，而蝴蝶鱼的美名，就是因为这种鱼犹如美丽的蝴蝶。人们若要在珊瑚礁鱼类中选美的话，那么最富绮丽色彩和引人遐思的当首推蝴蝶鱼了。

蝴蝶鱼生活在五光十色的珊瑚礁礁盘中，具有一系列适应环境的本领，其艳丽的体色可随周围环境的改变而改变。蝴蝶鱼的体表有大量色素细胞，在神经系统的控制下，可以展开或收缩，从而使体表呈现不同的色彩。通常一尾蝴蝶鱼改变一次体色要几分钟，而有的仅需几秒钟。

蝴蝶鱼是近海暖水性小型珊瑚礁鱼类，最大的可超过30厘米，如细纹蝴蝶鱼。蝴蝶鱼身体侧扁适宜在珊瑚丛中来回穿梭，它们能迅速而敏捷地消逝在珊瑚枝或岩石缝隙里。蝴蝶鱼吻长口小，适宜伸进珊瑚洞穴去捕捉无脊椎动物。

据科学家估计，一个珊瑚礁可以养育400种鱼类。在弱肉强食的复杂海洋环境中，蝴蝶鱼的变色与伪装，目的是为了使自己的体色与周围环境相似，达到与周围物体乱真的地步，在亿万种生物的顽强竞争中，赢得了自己生存的一席之地。

蝴蝶鱼胸鳍很发达，从水面上看像一只蝴蝶。蝴蝶鱼捕食动作奇特，可跃出水面犹如海洋中的飞鱼。平时蝴蝶鱼顺水漂流，一旦有昆虫飞临，即使离水面数十厘米，也可跃出水面捕食。蝴蝶鱼雌雄辨别容易，从尾部看，雄鱼鳍膜较短，鳍条突出呈长须状，体色较深，而雌鱼有明显的不规则花纹。

许多蝶蝴鱼有极巧妙的伪装，它们常把自己真正的眼睛藏在穿过头部的黑色条纹之中，而在尾柄处或背鳍后留有一个非常醒目的“伪眼”，常使捕食者误认为是其头部而受到迷惑。当敌害向其“伪眼”袭击时，蝴蝶鱼剑鳍疾摆，逃之夭夭。

蝴蝶鱼对爱情忠贞专一，大部分都成双入对，好似“鸳鸯”，它们成双成对在珊瑚礁中游弋、戏耍，总是形影不离。当一尾进行摄食时，另一尾就在其周围警戒。

南极大陆的精灵——企鹅

企鹅是属于企鹅目的企鹅科，算是较古老的鸟类，大约在5 000万年前，就已经在地球上生活了。现在世界上的企鹅共有18种，只分布在南半球。除了少数例外，多是生活在南极或接近南极的陆地和海洋中。

企鹅不能飞翔；脚生于身体最下部，故呈直立姿势；趾间有蹼；跖行性（其他鸟类以趾着地）；前肢成鳍状；羽毛短，以减少摩擦；羽毛间存留一层空气，用以绝热。背部黑色，腹部白色。各个种类的主要区别在于头部色型和个体大小。

企鹅可以说是最不怕冷的鸟类。以帝企鹅来说，它全身羽毛密布，并且皮下脂肪厚达2～3厘米，这种特殊的保温设备，使它在零下60摄氏度的冰天雪地中，仍然能够自在生活。如果人类暴露在这种低温中，最多活不过10分钟。此外，生活在寒带的企鹅，鼻孔里面还长有羽毛，飘雪时可以防止雪花进入鼻孔，温带的企鹅就没有这种装备。

如今在南极一带生活的企鹅，其祖先管鼻类动物是在赤道以南的区域发展起来的。科学家推测，它们不继续向北挺进到北半球的原因，可能是企鹅忍受不了热带的暖水。它们的分布范围最北界和年平均气温20摄氏度区域非常一致。

企鹅耐寒，但却很不耐热。温带地区的企鹅多半都在黎明或黄昏时才活动，日正当中时，它们就躲在阴凉处避暑。南美有一种麦哲伦企鹅，每年七八月时移栖到乌拉圭的沙滩，春天来临时，如果水温和气温骤然上升，常会有数以百计的企鹅因而热死!

企鹅是典型的海鸟，它虽然不会飞，但是游泳的本领在鸟类中是超级选手。许多水鸟游泳是靠长有蹼的双脚在水中划动而前进，企鹅的脚虽然也长有蹼，却只用来当作控制方向的舵，前进的力量全靠那双船桨般的翅膀，在水中振翅飞翔。

企鹅游泳的速度非常快，帝企鹅一小时可游约10千米，白顶企鹅则有一小时游36千米的纪录，是所有鸟类中游得最快的。

企鹅常常用海豚式泳，也就是潜泳一段距离，露出水面换气后，再潜下去继续游。事实上，企鹅也是鸟类当中的潜水冠军，它曾有潜入水中18分钟，和潜入水下265米的纪录。

企鹅的食物随种群、地理区域和季节的不同而异。大多数较小的南方企鹅以在南极富氧水面达到很高密度的磷虾为食，大型的企鹅同时也可以以鱼为食物，在水中捕食的时候，由于企鹅是靠肺来呼吸，所以每隔一段时间需要到水面上换气。企鹅的大群体消耗的食物量惊人，一天超过几吨，出海一次可达数周，成群捕食鱼、乌贼和甲壳动物，天敌为海豹或逆戟鲸。

体温比水温高的鱼——金枪鱼

金枪鱼体呈纺锤形，具有鱼雷体形，其横断面略呈圆形。有强劲的肌肉及新月形尾鳍，鳞退化为小圆鳞，适于快速游泳，一般时速为每小时30～50千米，最高速可达每小时160千米，比陆地上跑得最快的动物还要快。金枪鱼若停止游泳就会窒息，原因是金枪鱼游泳时总是开着口，使水流经过鳃部而吸氧呼吸，所以在一生中它只能不停地持续高速游泳，即使在夜间也不休息，只是减缓了游速，降低了代谢。金枪鱼的旅行范围可以远达数千千米，能做跨洋环游，被称为“没有国界的鱼类”。根据科学家研究，金枪鱼是唯一能够长距离快速游泳的大型鱼类，实验显示，金枪鱼每天游程可以达到230千米。

金枪鱼的温度为什么会比周围水温高呢？它身体两侧有皮肤肌肉血

管网丛，经科学家周密研究，金枪鱼的体温比周围水温高出9摄氏度。这种不知疲倦的速游者，肌肉收缩力量是使它们体温升高的主要原因。沿金枪鱼脊柱两侧分布的强有力的肌肉和皮肤上大量的血管网丛，表明这些部分的新陈代谢特别旺盛，因而金枪鱼的鱼肉似牛肉，是紫红色的。其中血红素含量很高，低脂而高蛋白，所以营养价值高。

金枪鱼也称鲔鱼、吞拿鱼，是大洋暖水性洄游鱼类，主要分布于低中纬度海区，在太平洋、大西洋、印度洋都有广泛的分布。体呈纺锤形，头大而尖，牙细小，尾柄细小，体青褐色，有淡色斑纹，背鳍两个几乎相近，背、臀鳍后各有8~10个小鳍，一般长50厘米，有的可达100厘米。皮下有发达的血管网，作为一种长途慢速游泳的体温调节装置。巨大的金枪鱼是蓝鳍金枪鱼，最大可长到约4.3米，800千克重。金枪鱼类一般背侧暗色，腹侧银白，通常有彩虹色闪光。

科学研究表明，大多数金枪鱼栖息在100~400米水深的海域，幼体的大眼金枪鱼和黄鳍金枪鱼以及鲣鱼都栖息在海洋的表层水域，一般不超过50米水深，而成体的大眼金枪鱼和黄鳍金枪鱼栖息水层比较深，大眼金枪鱼的栖息水层深于黄鳍金枪鱼。

蓝鳍金枪鱼是生长速度最慢的金枪鱼种类，寿命长达20年或以上。成体的蓝鳍金枪鱼长度可以达到3米，重量达到400千克，是金枪鱼种类中体形最大种类。鱼体呈黑色而胸鳍小。分布在北半球温带海域，栖息的水温较低，主要渔场在北太平洋的日本近海，北大西洋的冰岛外海、墨西哥湾和地中海。

古老的头足类动物——鹦鹉螺

鹦鹉螺是现存最古老、最低等的头足类动物，头足类在古生代志留纪地层中种类特别繁荣，多达3 500余种，它们都有着不同形状的贝壳，但绝大多数种类都已经绝灭了，生存至今的只有鹦鹉螺、大脐鹦鹉螺和阔脐鹦鹉螺等3种，所以称之为“活化石”，是研究动物进化和古生态学、古气候学的重要材料。

鹦鹉螺的头部、足部都很发达，足环生于头部的前方，所以是头足类的一种。头部的构造也同乌贼十分相近，口的周围和头的前缘两侧生有许多触手，但触手上面没有乌贼所具有的吸盘。雄性有60个触手，腹面的4只愈合成块状的“肉穗”，雌性有90个触手，其中60个生于足部的内叶下方，簇集呈须状，30只生于口的周围。雄性和雌性触手的腹面都生有像帽子一样的结构，是由两个触手结合在一起形成的，变得十分肥厚，当鹦鹉螺将身体缩到壳里的时候，就用它们封闭壳口，这同腹足类动物壳口圆片状的厣相似，能起保护身体的作用。鹦鹉螺的其他触手也有分工，有的伸展迅速，用于警戒，有的只用于摄食。在摄食的时候，使多数触手向四周展开，将猎物包裹起来，然后吞食。在休息或只游动而不取食的时候，它的大部分触手都缩进壳里，只留1～2个触手在外面，进行警戒或行动。此外，它的触手还可以抵贴岩石，固定身体的位置。

鹦鹉螺的身体左右对称，背上生有一个与冠螺、蜗牛等腹足类动物相似的，可以把身体完全保护起来的石灰质贝壳。贝壳很大，直径可达20厘米，壳口长8厘米左右，不过不是左右卷曲，而是沿一个平面从背面向腹面卷曲，略呈螺旋形，没有螺顶。贝壳的色彩也很美丽，外表较光滑，呈灰白色或淡黄褐色，间杂有15～30条橙红色、褐红色或褐黄色的波状横纹，银白色的珍珠层很厚，内面有极为美丽的珍珠光泽，真是一件天然的艺术品。

鹦鹉螺的分布范围较窄，仅生活在热带海洋中，主要分布于东起萨摩亚群岛，西至加里曼丹岛，北从菲律宾群岛的仁牙因湾，南达澳大利亚的悉尼之间的西南太平洋之中。我国仅在台湾、海南岛、西沙群岛和南沙群岛海域发现过随流飘荡的空壳，尚未采到活体。

鹦鹉螺是一种底栖性的动物，从水深5米到400米都有栖息，处于大陆架外缘区和大陆坡上区，以400米左右水深处数量最多，所以也被称为“亚深海动物”。平时伏在海底的珊瑚礁及岩石上休息，日落以后才出来活动，常用触手沿着珊瑚质海底爬行，前后左右，移动自如，大多背部朝上，偶尔也有腹面朝上的时候。它也能在水层中浮动或游泳，有时在风暴过后的风平浪静之夜晚，甚至能见到成群结队的鹦鹉螺漂浮在海面上，不过时间通常很短暂，很快又沉入底层。游泳的方式与乌贼相仿，主要是利用漏斗收缩喷射海水，以反作用力来推动身体的前进。摄食动作快速而敏捷，食物包括小鱼、甲壳类、海胆和其他小型软体动物等，与其生活的水层中活动的种类有密切的关系。

一夫多妻的海豹

海豹体粗圆呈纺锤形，体重20~30千克。全身披短毛，背部蓝灰色，腹部乳黄色，带有蓝黑色斑点。头近圆形，眼大而圆，无外耳廓，吻短而宽，上唇触须长而粗硬，呈念珠状。四肢均具5趾，趾间有蹼，形成鳍状肢，具锋利爪。后鳍肢大，向后延伸，尾短小而扁平。毛色随年龄变化：幼兽色深，成兽色浅。

海豹的前脚比后脚短，覆有毛的鳍脚都有指甲，指甲为5趾。耳朵变得极小或退化成只剩下两个洞，游泳时可自由开闭。游泳时大都靠后脚，但后脚不能向前弯曲，脚跟已退化与海狮及海狗等相异，不能行走，所以当它在陆地上行走时，总是拖着累赘的后肢，将身体弯曲爬行，并在地面上留下一行扭曲的痕迹。主要分布在北极、南极周围附近及温带或热带海洋中，目前所知10属，19种。海豹分布于全世界，在寒冷的两极海域都有，南极海豹生活在南极冰原。由于数量较少，南极海豹已被列为国际保护动物。

海豹是肉食性海洋动物，哺乳动物。它们的身体呈流线型，四肢变为鳍状，适于游泳。海豹有一层厚厚的皮下脂肪保暖，并提供食物储备，产生浮力。海豹大部分时间栖息在海中，脱毛、繁殖时才到陆地或冰块上生活。海豹分布于全世界，在寒冷的两极海域特别多，食物以鱼和贝类为主。海狮、海象是海豹的近亲，它们有耳壳，后肢能转向前方来支持身体。

海豹社会实行“一夫多妻”制。在发情期，雄海豹便开始追逐雌海豹，一只雌海豹后面往往跟着数只雄海豹，但雌海豹只能从雄海豹中挑选一只。因此，雄海豹之间不可避免地要发生争斗，狂暴的海豹彼此给予对方猛烈的伤害：用牙齿狠咬对方。有些雄海豹的毛皮便因此而撕破，鲜血直流。战斗结束，胜利者便和母海豹一起下水，在水中交配。

在自然条件下，海豹有时在海里游荡，有时上岸休息。上岸时多选择海水涨潮能淹没的内湾沙洲和岸边的岩礁。海豹的游泳本领很强，速度可达每小时27千米，同时又善潜水，一般可潜100米左右，南极海域中的威德尔海豹则能潜到600多米深，持续43分钟。海豹主要捕食各种鱼类和头足类，有时也吃甲壳类。它的食量很大，一头60～70千克重的海豹，一天要吃7～8千克鱼。

海豹遭到了严重的捕杀。特别是美国、英国、挪威、加拿大等国每年派众多的装备精良的捕海豹船在海上大肆掠捕，许多海豹，特别是格陵兰海豹和冠海豹的数量减少得特别快。

最聪明的动物——海豚

海豚具有与众不同的智力，它的大脑体积、质量是动物界中数一数二的。目前，科学家对动物的智力有两种不同的见解：一种认为黑猩猩是一切动物中最进化、最能干的；另一种却认为海豚的智力和学习能力与猿差不多，甚至还要高一些。

海豚属于哺乳纲、鲸目、齿鲸亚目，海豚科，通称海豚，是体型较小的鲸类，分布于世界各大洋。体长1.2～4.2米，体重23～225千克。海豚一般嘴尖，上下颌各有约101颗尖细的牙齿，主要以小鱼、乌贼、虾、蟹为食。海豚喜欢过“集体”生活，少则几头，多则几百头。海豚不但有惊人的听觉，还有高超的游泳和异乎寻常的潜水本领。海豚的速度可达每小时40千米，相当于鱼雷快艇的中等速度。

海豚的游速很快，甚至一些游轮、航空母舰、普通舰船和一般鱼雷，都不是它的对手。如真海豚能以每小时20海里的速度持续游很长时间。当它游在驱逐舰前的波浪中时，速度可达30～32海里。虎鲸的时速为30海里。众所周知，短跑运动的速度要比长跑快，但有些海豚能连日和全速航行的船只悠然地并驾齐驱。

除人以外，海豚的大脑是动物中最发达的。人的大脑占体重的2.1%，海豚的大脑占它体重的1.7%。海豚的大脑由完全隔开的两部分组成，当其中一部分工作时，另一部分充分休息，因此，海豚可终生不眠。

海豚是利用高频率波联络同伴，它们可发出32种声音，每只海豚都有属于自己的特别叫声，用来辨认身份。

海豚是人类的朋友，它们十分乐意与人交往亲近。动物学家发现，海豚营救的对象不只限于人。它们会搭救体弱有病的同伴。

海豚是用肺呼吸的哺乳动物，它们在游泳时可以潜入水里，但每隔一段时间就得把头露出海面呼吸，否则就会窒息而死。因此对刚刚出生的小海豚来说，最重要的事就是尽快到达水面，但若遇到意外的时候，便会发生海豚母亲的照料行为。她用喙轻轻地把小海豚托起来，或用牙齿叼住小海豚的胸鳍使其露出水面，直到小海豚能够自己呼吸为止。这种照料行为是海豚及所有鲸类的本能行为。这种本能是在长时间自然选择的过程中形成的，对于保护同类、延续种族是十分必要的。由于这种行为是不问对象的，一旦海豚遇上溺水者，误认为这是一个漂浮的物体，也会产生同样的推逐反应，从而使人得救。也就是说这是一种巧合，海豚的固有行为与激动人心的“救人”现象正好不谋而合。

珍奇的海洋动物——鲎

鲎是一种珍奇的海洋动物，也是体形最大的海洋节肢动物。它身体扁平，头和胸部有甲壳，尾部呈叉状，属于肢口纲。是一类与三叶虫（现在只有化石）一样古老的动物。鲎的祖先出现在地质历史时期古生代的泥盆纪，当时恐龙尚未崛起，原始鱼类刚刚问世，随着时间的推移，与它同时代的动物或者进化、或者灭绝，而唯独鲎从4亿多年前问世至今仍保留其原始而古老的相貌，所以鲎有“活化石”之称。

鲎的血液为蓝色。它们生活在沙质的海底，靠吃蠕虫及无壳软体动物为主。使用附肢和尾剑挖开泥沙穴居。

鲎有好几种运动方式，它可以靠头和胸部的附肢在海底爬行，靠腹腔部附肢在海中游动。

鲎常常成双结对地在沿大陆架附近游弋。有趣的是，雌鲎比雄鲎大2倍多，经常背着雄鲎。

鲎在生物进化、海洋仿生学等方面有很高的研究价值。

据说美国科学家从鲎的眼睛得到启示，可制成使太阳能变成电能的电子鲎眼、鲎眼电视机等，用来进行高空和海底探测和摄影。

每当春夏季鲎的繁殖季节，雌雄一旦结为夫妻，便形影不离，肥大的雌鲎常驮着瘦小的丈夫蹒跚而行。此时捉到一只鲎，提起来便是一对，故鲎享“海底鸳鸯”之美称。

鲎有四只眼睛。头胸甲前端有0.5毫米的两只小眼睛，小眼睛对紫外光最敏感，说明这对眼睛只用来感知亮度。在鲎的头胸甲两侧有一对大复眼，每只眼睛是由若干个小眼睛组成。人们发现鲎的复眼有一种侧抑制现象，也就是能使物体的图像更加清晰，这一原理被应用于电视和雷达系统中，提高了电视成像的清晰度和雷达的显示灵敏度。为此，这种亿万年默默无闻的古老动物一跃而成为近代仿生学中一颗引人瞩目的“明星”。

鲎的血液中含有铜离子，它的血液是蓝色的。这种蓝色血液的提取物——“鲎试剂”，可以准确、快速地检测人体内部组织是否因细菌感染而致病；在制药和食品工业中，可用它对毒素污染进行监测。

古老而顽强的海龟

海龟是海洋龟类的总称。海龟的祖先在2亿多年以前就出现在地球上。古老的海龟和中生代不可一世的恐龙一同经历了一个繁荣昌盛的时期。后来地球几经沧桑巨变，恐龙相继灭绝，海龟也开始衰落。但是，海龟战胜了大自然给它们带来的无数次厄运，依然一代又一代地生存和繁衍下来，真可谓是名副其实的古老、顽强而珍贵的动物。

海龟是现今海洋世界中躯体最大的爬行动物。其中个体最大的要算是棱皮龟。它最大体长可达2.5米，体重约1 000千克，堪称海龟之王。

海龟生活在热带、亚热带海洋里，以鱼、虾、蟹、贝为食，有的种类（玳瑁等）还吃海藻。

每年到产卵季节，海龟就会不远万里、漂洋过海回到它们出生时的故土，到陆上产卵。产卵场必定是沙质细（沙粒直径为0.05～0.2毫米）、满潮时潮水达不到的沙滩。沙滩宽阔而且坡度平缓，前面没有岩礁等大的障碍物，以朝南最好。

每年的5月和8月是它们的生殖季节。产卵在傍晚到第二天拂晓的时间内进行。随波登陆的海龟，开始时爬得较快，以后逐渐慢下来，中间不时停停歇歇。当海龟选好产卵场后，用前后肢将身体附近的沙子扒向后方，挖出一个刚能容下自己身体的坑——“体坑”，然后用后肢再挖一个坑——“卵坑”，卵坑深40～50厘米，直径20～30厘米，一只海龟在其中可产卵50～120枚左右。产卵后，海龟先用后肢将卵用沙子盖住，再用前肢把前方的沙子推向后方的“卵坑”内，然后同时用前肢和后肢将“卵坑”填满沙子，最后爬到上面把沙子压紧。从陆上到回到海里，大约需要2个小时。在产卵的过程中，海龟的眼里会分泌出黏液状的泪，这是海龟上陆后所采取的保护眼睛的措施。海龟眼睑中有一种腺体，即盐腺，能将体内多余的盐分排出体外，这是海龟在海中栖息和摄食时，为调节体液渗透压的需要而具有的一种腺体。有时人们看到海龟在流“泪”，实际上是海龟在排出体内多余的盐分。

海龟卵的大小、形状很像乒乓球。温暖的阳光和舒适的沙窝造成一个理想的孵化床，小海龟在慢慢地孕育变化。沙地温度在28℃～30℃时，大约经历60个昼夜，小海龟便破壳而出，本能地纷纷爬进大海。成年的海龟，不论漫游到哪里，每年都要千里迢迢返回“故乡”产卵。

海龟是一类十分温顺而又十分可爱的动物，为了保护海龟，1960年以后各个捕捉海龟的国家便采取禁挖海龟卵、禁捕海龟等措施，并开展人工养殖海龟。目前，国际上已把海龟列为世界野生动物重点保护对象。

海中霸王——鲨鱼

在浩瀚的海洋里，被称为“海中霸王”的鲨鱼遍布世界各大洋。鲨鱼早在恐龙出现前3亿年前就已经存在地球上，至今已超过4亿年，它们在近1亿年来几乎没有改变。大部分鲨鱼对人类有利而无害，只有30多种鲨鱼会无缘无故地袭击人类和船只。鲨鱼的确有吃人的恶名，但并非所有的鲨鱼都吃人。

鲨鱼最敏锐的器官是嗅觉，它们能闻出数米外的血液等极细微的物质，并追踪出来源。它们还具有第六感——感电力，鲨鱼能借着这种能力察觉物体四周数尺的微弱电场。它们还可借着机械性的感受作用，感觉到200米外的鱼类或动物所造成的震动。

鲨鱼游泳时主要是靠身体像蛇一样的运动并配合，尾鳍像橹一样的摆动向前推进。稳定和控制主要是运用多少有些垂直的背鳍和水平调度的胸鳍。鲨鱼多数不能倒退，因此它很容易陷入像刺网这样的障碍中，而且一陷入就难以自拔。鲨鱼没有鳔，所以这类动物的比重主要由肝脏储藏的油脂量来确定。鲨鱼密度比水稍大，也就是说，如果它们不积极游动，就会沉到海底。它们游得很快，但只能在短时间内保持高速。

鲸鲨是海中最大的鱼类，长成后身长可达60尺。虽然鲸鲨的体型庞大，它的牙齿在鲨鱼中却是最小的。最小的鲨鱼是侏儒角鲨，小到可以放在手上。它长约6～8寸，重量还不到一磅。

鲨鱼一般只吃活食，有时也吃腐肉，食物以鱼类为主。有人在鼬鲨胃中发现了海豚、水禽、海龟、蟹和各种鱼类等；在噬人鲨胃中曾取出一头非常大的海狮；双髻鲨的食物是鱼和蟹；护士鲨、星鲨的饵料以小鱼、贝类、甲壳类为主。

鲨鱼在寻找食物时，通常一条或几条在水中游弋，一旦发现目标就会快速出击吞食之。特别是在轮船或飞机失事有大量食饵落水时，它们群集而至，处于兴奋狂乱状态的鲨鱼几乎要吃掉所遇到的一切，甚至为争食而相互残杀。

鲨鱼属于软骨鱼类，身上没有鱼鳔，调节沉浮主要靠它很大的肝脏。例如，在南半球发现的一条3.5米长的大白鲨，其肝脏重量达30千克。科学家们的研究表明，鲨鱼的肝脏依靠比一般甘油三酸酯轻得多的二酰基甘油醚的增减来调节浮力。

深海打捞员——海狮

海狮吼声如狮，且个别种颈部长有鬃毛，又颇像狮子，故而得名。它的四脚像鳍，很适于在水中游泳。海狮的后脚能向前弯曲，使它既能在陆地上灵活行走，又能像狗那样蹲在地上。虽然海狮有时上陆，但海洋才是它真正的家，只有在海里它才能捕到食物、避开敌人，因此一年中的大部分时间，它们都在海上巡游觅食。

海狮主要以鱼类和乌贼等头足类为食。它的食量很大，如身体粗壮的北海狮，在饲养条件下一天喂鱼最多达40千克，一条1.5千克重的大鱼它可一吞而下。若在自然条件下，每天的摄食量要比在饲养条件下增加2～3倍。

海狮没有固定的栖息地，每天都要为寻找食物的来源而到处漂游。等到了繁殖季节，它们才选择一块儿固定的地方开始一场争夺配偶的激烈斗争。最后，胜利的雄性要占有许多雌性。雌性怀孕达一年之久，每胎产一仔。

海狮是海洋中的食肉类猛兽。海狮的食物来源于海上，主要以鱼类和乌贼等头足类为食。海狮身体粗壮，食量大得很，可以潜入270米的海底。海狮不但食量大，而且胆子也不小。它敢于在渔网中钻来钻去，抢夺渔民的收获，然后撕坏渔网逃之夭夭。

海狮经人调教之后，能表演顶球、倒立行走以及跳越距水面1.5米高的绳索等技艺，也是一种十分聪明的海兽。海狮对人类帮助最大的莫过于替人潜至海底打捞沉入海中的东西。自古以来，物品沉入海洋就意味着有去无还，可是在科学发达的今天，一些宝贵的试验材料必须找回来，比如从太空返回地球而又溅落于海洋里的人造卫星，以及向海域所做的发射试验的溅落物等。当水深超过一定限度，潜水员也无能为力。可是海狮却有着高超的潜水本领，人们求助它来完成一些潜水任务。

食草的海兽——儒艮

儒艮是海洋中唯一的草食性哺乳动物，儒艮的头很大，头与身体的比例是海洋动物中最大的。嘴巨大而呈纵向，舌大，使其更利于进食海底植物而将沙子排除开。儒艮的气孔在头部顶端，平均15分钟换一次气。头部和背部皮肤坚硬、厚实。它与陆地上的亚洲象有着共同的祖先，后来进入海洋，依旧保持食草的习性，已有2 500万年的海洋生存史，是珍稀海洋哺乳动物，也是我国43种濒临灭绝的脊椎动物之一，对于研究生物进化、动物分类等极具参考价值。

儒艮的体型大而呈纺锤状，体长约2.4～2.7米，3米以上的个体相当少见，一般而言雌性的体型会比雄性大一点。皮肤光滑，外观呈褐至暗灰色，腹部颜色较背部来得浅，体表毛发稀疏。颈部短，但仍能有限度地转动头部或点头。前肢短、呈鳍状，末端略圆而缺乏趾甲；胸鳍是幼儒艮主要的推进力来源，成年后则转变为以尾鳍为主。儒艮没有外耳壳，只看得到小小的耳孔，眼睛也很小。鼻孔位于吻部顶端，周围有皮膜可在潜水时盖住鼻孔。宽而扁平的嘴位于厚重吻部的末端下方，嘴边的短须是进食时的重要工具。

儒艮为海生（偶尔会进入淡水流域）哺乳动物，主要分布于西太平洋与印度洋海岸，特别是有丰富海草生长的地区。虽然它们被认为栖息于浅海，但有时也会移动至较深的海域，约23米深。它们的分布范围并不连续，这可能与栖息地的合适度和人类活动有关。儒艮在印度洋的由非洲东岸开始，经红海、波斯湾、南非、马达加斯加往东至阿拉伯海与斯里兰卡，其中大部分地区的数量都很少。在太平洋地区包括了印尼、马来西亚、巴布亚新几内亚等东印度群岛，往北达中国台湾与日本的冲绳岛，往南则包括了澳洲南部以外的邻近海域。

儒艮以海藻、水草等多汁的水生植物以及含纤维的灯心草、禾草类为食，但凡水生植物它基本上都能吃。儒艮每天要消耗45千克以上的水生植物，所以它有很大一部分时间用在摄食上。儒艮觅食海藻的动作酷似牛，一面咀嚼，一面不停地摆动着头部，所以它又有“海牛”一名。儒艮行动迟缓，从不远离海岸。它的游泳速度不快，一般每小时2海里左右，即便是在逃跑时，也不过5海里。

儒艮如不严加保护，它们就有灭顶之灾。因此，儒艮已被列为国家一级保护动物。

美丽剧毒的海蛇

海蛇与陆地上的蛇本是一家，由于环境的变迁而转移到大海里去安家落户。海蛇的尾巴为了适应海里的生活，变成扁平的桨状，它柔软细长的身躯波浪似的弯曲前进，在水中游动自如。海蛇的头很小，游动时常把头伸出水面呼吸。它的鼻孔内有瓣膜，能自动关闭，潜水时关闭瓣膜就可以防止海水涌进鼻腔。海蛇还长有尖利的牙齿，随时准备出击。

现存的海蛇约有50种，它们和眼镜蛇有密切的亲缘关系。世界上大多数海蛇都聚集在大洋洲北部至南亚各半岛之间的水域内。这些海蛇之所以能在海中大量活下来，是因为它们都有像船桨一样的扁平尾巴，很善于游泳；二是因为它们都有毒牙，能杀死捕获物和威慑敌人。这些海蛇也有和铿蛇类似的盐分泌腺和能够紧闭的嘴。但总的说来，它们的生理机能对海洋的适应性不如铿蛇，这可能是由于它们在海中生活的历史不如铿蛇长的缘故。

海蛇喜欢在大陆架和海岛周围的浅水中栖息，在水深超过100米的开阔海域中很少见。它们有的喜欢待在沙底或泥底的混水中，有些却喜欢在珊瑚礁周围的清水里活动。海蛇潜水的深度不等，有的深些，有的浅些。

海蛇对食物是有选择的，很多海蛇的摄食习性与它们的体型有关。有的海蛇身体又粗又大，脖子却又细又长，头也小得出奇，这样的海蛇几乎全是以掘穴鳗为食。有的海蛇以鱼卵为食，这类海蛇的牙齿又小又少，毒牙和毒腺也不大。还有些海蛇很喜欢捕食身上长有毒刺的鱼，在菲律宾的北萨扬海就有一种专以鳗尾鲶为食的海蛇。鳗尾鲶身上的毒刺刺人非常痛，甚至能将人刺成重伤，可是海蛇却不在乎这个。除了鱼类以外，海蛇也常袭击较大的生物。

在海蛇的生殖季节，它们往往聚拢一起，形成绵延几十千米的长蛇阵，这就是海蛇在生殖期出现的大规模聚会现象。有的港口有时会因海蛇群浮于水面而使整个港口拥挤起来。完全水栖的海蛇繁殖方式为卵胎生，每次产下3~4尾20~30厘米长的小海蛇。而能上岸的海蛇，依然保持卵生，它们在海滨沙滩上产卵，任其自然孵化。

海蛇也有天敌，海鹰和其他肉食海鸟捕食海蛇。它们一看见海蛇在海面上游动，就疾速从空中俯冲下来，衔起一条就远走高飞，尽管海蛇凶狠，可它一旦离开了水就没有进攻能力，而且几乎完全不能自卫了。另外，有些鲨鱼也以海蛇为食。至于其他有关海蛇天敌的情况，目前了解还不多。

海蛇的毒液属于细胞毒素，是最强的动物毒。钩嘴海蛇毒液相当于眼镜蛇毒液毒性的两倍，是氰化钠毒性的80倍。海蛇毒液的成分是类似眼镜蛇毒的神经毒，它的毒液对人体损害的部位主要是随意肌，而不是神经系统，所以属细胞毒素。多数海蛇是在受到骚扰时才伤人。

动物进化史上的“老资格”——默默不语的海绵

海绵在生活中随处可见，大家对它都不陌生。但是，现在的海绵多是人工制造的，但是最早的海绵却是从海里发现的。由于它柔软得像棉花，所以取名海绵。随着需求量的迅速增长，加上生产技术的不断发展，人们模仿海绵的样子，造出了人造海绵。

海绵是最原始的多细胞动物，2亿年前就已经生活在海洋里，至今已发展到1万多种，占海洋动物种类的1/15，是一个庞大的“家族”。在海洋各处，均有海绵的身影，从潮间带到深海，从热带海洋到南极冰海都有分布。

在地球上的海洋里，至少有9 000种海绵。有的海绵甚至生活在淡水中。它们靠身上的小孔，从成吨的海水中过滤到几克微薄的营养物质维持生命。海绵是世界上结构最简单的多细胞动物。虽然有些海绵有玻璃一样的骨骼，但是海绵没有嘴，没有消化腔，也没有中枢神经系统，是一个最原始的动物。布满全身的小孔内长着许多鞭毛和一个筛子状的环状物，可利用鞭的摆动收进海水，海水带进氧气、细菌、微小藻类和其他有机碎屑，再经环状物过滤，最后变为海绵维系生存的养料。

海绵上的每个小孔都是进水孔，都通到体内一个公用的腔里。腔就像一个瓶子，上端是共同的出口，这是海绵的滤水系统。小孔的壁上是领细胞，细胞有鞭毛，鞭毛一起摆动就把水从小孔吸进去，经过公共腔，再由出口排出去。在水的流动过程中，水中的微小食物颗粒就被领细胞捕捉住吞噬掉，同时水中的氧气也被吸收。海绵虽然属于动物，但是它不能自己行走，只能附着固定在海底的礁石上，从流过身边的海水中获取食物。

18世纪以前，海绵一直被认为是植物，后来由于科技的进步，人们得以认识海绵的真面目，终于确定了海绵的真正属性。海绵的种类众多。除了少数种类喜欢淡水外，绝大多数海绵一直生活在海底。从浅海到8 000米的深海到处都有海绵的踪影。由于所处环境不同，条件多变，附着的基质类型各异，水流强弱不一，因此形成了海绵多姿多彩的形态。多数海绵生活在坚硬岩石的底质上。海流强的水域，海绵的高度普遍不到2.5厘米，而且海绵的表面形成许多流线型的纹路，这种进化可以避免被海浪和海流折断。有的海绵喜欢穴居，它们在鲍鱼和牡蛎的壳上到处钻洞，然后在它们的壳上寄居下来。海绵的体型多种多样，小的不过几克，大的可达45千克。海绵的颜色丰富多彩的，主要是体内有不同种类的海藻共生，使它们呈现不同的色彩。管状海绵的样子很像竖立的烟囱，所以又称为烟囱海绵。管状海绵的身体里有很多小孔。水不断地从小孔中流过，其中的营养物质就被管状海绵吸收了。同时，管状海绵产生的废物也会随着海水流走。

伪装大王——章鱼

章鱼或许是珊瑚礁中最善于表演的居民，且它们非常富有个性。章鱼有8只手臂，手臂上有很多吸盘，这些吸盘可以根据需要合起或分开。大部分章鱼都在岩礁碎石里建造特有的房屋，用珊瑚和岩石碎片在出口处打桩。但一些泥居种类也打海底洞穴，许多洞穴门口都配有哨兵海胆，它或许是来帮助阻止入侵者的。一般洞穴都有一个秘密后门，被威胁或被打扰的章鱼可以从此逃脱。

章鱼能够像最灵活的变色龙一样，改变自身的颜色和构造，变得如同一块覆盖着藻类的石头，然后突然扑向猎物，而猎物根本没有时间意识到发生了什么事情。章鱼能利用灵活的腕足在礁岩、石缝及海床间爬行，有时把自己伪装成一束珊瑚，有时又把自己装扮成一堆闪光的砾石。因此，章鱼又被称为“伪装大王”。

章鱼不仅像鱼一样在海洋中能快速游泳，还有一套施放“烟幕”的绝技。它体内有一个墨囊，囊内储藏着分泌的墨汁，遇到敌害时，它就紧收墨囊，射出墨汁，使海水变得一片漆黑，趁机逃之夭夭。其实它并不是鱼，而是海洋软体动物。它的身体像个橡皮袋子，内部器官都装在袋内。在身体的两侧边缘有肉鳍，用来游泳和保持身体平衡。头很短，但眼很发达，口长在头顶上，口腔内有角质的颚，能撕咬食物。章鱼的足生在头顶上，所以又称头足类。章鱼就是靠它这些长足捕捉食物并当做作战武器的，因此，海洋中的弱小生命都是它手下的残兵败将，就连海中巨兽——鲸，遇见长达十多米的大章鱼也难以对付。

章鱼有8条感觉灵敏的触腕，每条触腕上约有300多个吸盘，每个吸盘的拉力为100克，想想看，无论谁被它的触腕缠住，都是难以脱身的。有趣的是，章鱼的触腕和人的手一样，有着高度的灵敏性，用以探察外界的动向。每当章鱼休息的时候，总有一两条触腕在值班，值班的触腕在不停地向着四周移动着，高度警惕着有无“敌情”；如果外界真的有什么东西轻轻地触动了它的触腕，它就会立刻跳起来，同时把浓黑的墨汁喷射出来，以掩藏自己，趁此机会观察周围情况，准备进攻或撤退。章鱼可以连续6次往外喷射墨汁，过半小时后，又能积蓄很多墨汁，章鱼的墨汁对人不起毒害作用。

章鱼的再生能力很强。每当触腕断后，伤口处的血管就会极力地收缩，使伤口迅速愈合，所以伤口是不会流血的，第二天就能长好，不久又长出新的触腕。

蛙族异类——奇特的海蛙

在东南亚沿海和我国海南省沿海，有一种世界上奇特的海蛙，它是迄今人们所知的唯一能在海水中生活的蛙。海蛙体长60～78毫米。头长等于或略大于头宽。吻端钝尖，吻棱圆，不很显著。鼓膜大而明显。犁骨齿极强，舌后端缺刻深。前肢较短，后肢粗壮而短。背面皮肤较粗糙。背面褐黄色，背面及体侧有黑褐色斑纹，上下唇缘有6～8条深色纵纹。前后肢上也有横斑，趾间有蹼。雄蛙咽侧下有一对外声囊，能够鸣叫。

海蛙体内有特殊的生理机构，不但体内的水分不会向外渗透，反而海水里的水分还会通过皮肤渗入体内，使体内维持较高的渗透压，能耐受2.8%的含盐浓度，而一般蛙类在盐浓度超过1%的海水中就不能生存，所以海蛙能在海水里生活自如，自由自在。

海蛙生活在近海边的咸水或半咸水地区。其活动范围一般不超出咸水环境50~100米之外，故称“海蛙”。由于它主要以蟹类为食，又名食蟹蛙。此蛙白天多隐蔽在洞穴或红树林根系之间，傍晚到海滩觅食。

海蛙在繁殖季节，常常因地制宜地在海水洼塘里产卵，直晒的阳光使海水洼塘温度升高到40摄氏度以上。然而，海蛙的卵和蝌蚪都能忍受高温照晒，这在蛙类王国中也是绝无仅有的。不仅如此，蝌蚪的耐盐力比海蛙还强，在含80%氯化钠的海水中生活12个小时后，死亡率只有30%。

巨大的海象

海象大概是最不会被认错的动物了，它的那两颗巨大的犬齿在海洋动物中是独一无二的。雄海象的象牙平均长55厘米，最长的记录可以达到1米。雌海象的象牙要短一些，平均长40厘米，雌海象的象牙也要细一些，弯一些，截面更圆一些。

海象另外一个特征是皮肤非常厚，身上的皮肤一般厚达2～4厘米，而颈部和肩部的皮肤更厚达5厘米。海象身上的皮肤还形成很多褶皱，进一步增加了厚度，使皮肤形成了坚固的“铠甲”。这身厚重的皮肤可能是为了抵御其他海象象牙的攻击，也可能是用于防御虎鲸这样的捕食者的攻击。海象是大型的鳍脚类动物，其体型仅次于象海豹。海象中雄兽要比雌兽大很多，不过其差异要小于海狮。雄海象的身长约为3.2

米，体重1.2吨，有些大型个体身长可达4.2米。雌海象身长平均约2.6米，体重平均812千克。海象的后肢能向前屈，贴在腹下，使它在陆地时也能向前移动。

在高纬度海洋里，除了大鲸之外，海象可谓是最大的哺乳动物了，有人称它是北半球的“土著”居民。海象的皮下约有三寸厚的脂肪层，能耐寒保温。海象在陆地上与海水中皮肤的颜色不一样，因为在陆上血管受热膨胀，呈棕红色。在水中，血管冷缩，将血从皮下脂肪层挤出，以增强对海水的隔热能力，因而呈白色。

海象的嗅觉和听觉十分灵敏，当它们在睡觉时，有一只海象在四周巡逻放哨，遇有情况就发出公牛般的叫声，把酣睡的海象叫醒，迅速逃窜。海象的躯体笨重，可是行动起来非常敏捷，能在波涛汹涌的嶙峋岩石间游来游去，还能横渡几百千米的海。

海象是游泳健将，在水中的表现比陆地上灵敏得多。为了适应海洋生活，海象还可以变换体色。因为海象有强烈的群居习性，如有同类受伤，它们必定要前去帮助，决不会因自身安全而离弃不顾，这使得人类易于捕获；在1972年制定的国际海洋哺乳动物保护条例已经把海象列为保护对象，禁止任意捕杀。

每当春季，海象开始大迁徙。雌海象产崽，接着进入交配期。初生小海象体重可达40千克，经过一个月哺乳期后其体重可猛增到近百千克。到两岁，它的身长可达2.5米，体重达500千克，从此开始独立生活。

怀孕的爸爸——海马

海马可以说是世界上最奇特的动物。它是一种奇特而珍贵的近陆浅海小型鱼类，体长最大不过25厘米。海马虽属鱼类，但形貌和鱼相距千里，因为它的头长得很像马头，又生活在海里，因而被称为“海马”。

海马的形状非常有趣，它的嘴是尖尖的管形，口不能张合，因此只能吸食水中的小动物为食物。它的一双眼睛，也具特别之处：可以分别地各自向上下、左右或前后转动。然而，它本身的身体却不用转动，只可用伶俐的眼睛向各方观看。有时候，一只眼向前看，另一只眼向后看，除了蜻蜓和变色龙之外，这是其他动物做不到的。海马是最不像鱼的鱼类，集合了马、虾、象三种动物的特征于一身。它有马形的头，蜻蜓的眼睛，跟虾一样的身子，还有一个像象鼻一般的尾巴，皇冠式的角棱，头与身体成直角的弯度，以及披着甲胄的身体，还有垂直游泳的方式，和世界上唯一雄性产子的案例。

在雄海马凸起的肚子下面，靠近尾部长着一个中间有间隔的育儿袋。每年的5～8月是海马的繁殖期，雌海马成熟后，这期间将尾部伸到雄海马的育儿袋里产卵，卵经过50～60天幼鱼就会从海马爸爸的育儿袋中生出，所以说是雄海马的育儿袋只是起到了孵化器的作用，卵还是来源于雌海马。

海马尾部的构造和功能与其他鱼类迥异。栖息时的海马，利用尾部具有卷曲的能力，使尾端得以缠附在海藻的茎枝上。故海马多栖息在深海藻类繁茂之处。游泳的姿态也很特别，头部向上，体稍斜直立于水中，完全依靠背鳍和胸鳍来进行运动，扇形的背鳍起着波动推进的作用。

海马的亲戚——海龙

海龙，也称杨枝鱼、管口鱼。海龙跟海马是亲戚。海龙长相古怪，不仅吻特长，似龙嘴，而体形又特长，且又被骨环梭所包，体型有些像神话中的龙，又因它长期生活在海中，故得“海龙”之名。

海龙身体细长，且狭长而侧扁，背有环状骨板，呈暗褐色。它形虽不似鱼，但其实它却是硬骨鱼纲海龙科的鱼类。海龙个体不大，一般体长20厘米左右，大者达30～50厘米不等。海龙眼大而圆，眼眶微尖，其吻伸长像根管子，背鳍长而高，尾鳍很发达，像把散开的纸扇。

海龙的身体像海马一样有一层硬的骨质环包围着身体。有些种类的海龙还长着一个漂亮的小尾巴，那是它们的尾鳍。有的海龙很小，仅2

厘米左右，有的则可以大到50厘米长。虽然它们叫海龙，但也有少数生活在淡水中。海龙喜欢生活在沿岸藻类繁茂的海域中，常利用尾部缠在海藻枝上，并以小型浮游生物为饵料，也常食小型甲壳动物。

海龙的生殖方式与海马相同。雄海龙尾部腹面有由左右两片皮褶形成的育儿袋，交配时雌海龙产卵于雄海龙之“袋”中，卵在袋里受精孵化。约经10~20天左右，小海龙便出世，但它不马上离开“父体”，一直由“父亲”照料。平时，雄海龙将尾部放下，袋口便张开，小海龙逐一地从袋中鱼贯而出，如若外界有风吹草动，小海龙闻声便迅速钻进袋里，袋口会自动关闭，确保其生命安全。不过，当小海龙能在海中自由生活时，它们的父母就不承担喂养子女的义务，小海龙就得自行觅食，去追逐海洋中的小生物来养活自己。

会游泳的蝴蝶——狮子鱼

狮子鱼时常拖着宽大的胸鳍和长长的背鳍在海中悠闲地游弋，悠闲自在，完全不惧怕水中的威胁，就像一只自由飞舞在珊瑚丛中的花蝴蝶。

狮子鱼胸鳍的鳍条一般是愈合不分离的，而也有一些种类的狮子鱼鳍条却一根根地分开，如烟火一样绽放，这种狮子鱼又被称为“火焰鱼”。狮子鱼体色鲜艳，花枝招展，在海中时刻展示着它一身艳丽的舞裙，毫无顾忌。

狮子鱼可以肆无忌惮、目中无人的主要理由是因为狮子鱼的背鳍、胸鳍和臀鳍的鳍棘和鳍条不但特别长，而且每根硬棘的基部都有毒腺，平常多半是完全竖立伸展开来，让想打它主意的掠食者，根本就没有地方可以下手。狮子鱼也有弱点，它的腹部没有棘刺保护，所以当它遭遇危险时，或是在休息时都会以腹面贴壁，背面朝外的方式来寻求自保。狮子鱼是夜行性动物，晚上开始猎捕甲壳类或小鱼为食，白天则停在水中或礁洞中休息，一动也不动。

所有鲉科鱼类背鳍和胸鳍的鳍条上都有毒刺，它们的主要作用就是用来抵御来自同类或捕食者的威胁。可别小看这些毒刺，作为一只狮子鱼，这可是最引以为豪的致命武器。因为狮子鱼是一种浅水鱼类，多栖息于浅水区域，所以在浮潜时会经常见到它，它艳丽的外表很快就能吸引你的眼球，但是不要被这种色彩所迷惑，更不要轻易地触碰。在海洋中狮子鱼可是有名的“毒王”，它们的毒素会引起剧烈的疼痛、肿胀，有时候还会发生抽搐，最严重可能引起死亡。

第四篇

海洋灾难

台风命名的来历

台风是形成在热带广阔洋面上的一种强烈发展的热气旋（中心气压很低）。从成因来看，台风和飓风的成因相同，都是在热带低压基础上发展起来的热带气旋，但不是所有的热带气旋都能发展成为台风或飓风，严格说来，只有当热带气旋中心附近最大风力在12级或以上的热带气旋才称为台风或飓风。台风和飓风是热带气旋中强度最强的一级，仅因所在海域不同而名称各异。发生在印度洋和大西洋上的称为飓风，只有发生在西北太平洋上的才叫台风。台风到来时所带来的狂风暴雨往往能造成严重的气象灾害。人们为了便于预报、研究和区别不同时间出现的台风，对台风进行了命名。

据专家介绍，西北太平洋地区是世界上台风（热带风暴）活动最频繁的地区，每年登陆我国就有六七个之多。多年来，有关国家和地区对出没这里的热带风暴叫法不一，同一台风往往有几个称呼。我国按其发生的区域和时间先后进行四码编号，前两位为年份，后两位为顺序号。设在日本东京的世界气象组织属下的亚太区域专业气象台的台风中心，则以进入东经180度、赤道以北的先后顺序编号。美国关岛海军联合台风警报中心则用英美国家的人名命名，国际传媒在报道中也常用关岛的命名。还有一些国家或地区对影响本区的台风自行取名。为了避免名称混乱，有关国家和地区举行专门会议决定，凡是活跃在西北太平洋地区的台风（热带风暴），一律使用亚太14个国家（地区）共同认可、具有亚太区域特色的一套新名称，以便于各国人民防台抗灾、加强国际区域合作。

这套由14个成员提出的140个台风名称中，除了香港、澳门各有10个外，祖国大陆提出的10个是：龙王、（孙）悟空、玉兔、海燕、风神、海神、杜鹃、电母、海马和海棠。专家们介绍说，第5号台风威马逊，是泰国命名的，含义是“雷神”；第6号台风查特安是美国人给取的名，意思是“雨”；而登陆台湾地区的第8号热带风暴“娜基莉”，是柬埔寨一种花的名字。据悉，热带风暴加强后就会成为台风。

专家们说，早在18世纪,澳大利亚气象学家突发奇想，开始用女性名给台风起名，作为一种荣誉或纪念，赠予自己的女友、爱妻或是受冷遇的政治家。这一做法在欧美各国迅速流行。1949年，大西洋第一个飓风被命名为“哈里”，因为飓风袭击佛罗里达州时，美国总统哈里斯· 杜鲁门正在那里视察；不久，又一更疯狂的飓风扫荡了佛罗里达，人们便把她尊称为总统夫人“贝斯”。某年台风季节，墨西哥湾同时跳出两个台风，分别取名为“艾丽丝”和“巴巴拉”。这对小姊妹引来了一场前所未有的大洪水。结果，反对用女性名给台风取名的运动风起云涌，信件和呼声几乎淹没了报界和天气局。尽管如此，许多国家仍一直沿用到20世纪70年代末。1979年的赛西尔飓风，则是美国历史上第一次用男性名字命名的台风。

有趣的是，目前所使用的西太平洋台风的名称依然很少有灾难的含义，大多具有文雅、和平之意，如茉莉、玫瑰、珍珠、莲花、彩云等等，似乎与台风灾害不大协调。有关专家认为，台风不仅仅会带来狂风骤雨，有时也会造福人类。高温酷暑季节，台风的光临可解除干旱和酷热，因此起个文雅的名字也无妨。不过，台风委员会另有规定，如果某个台风确实犯下滔天大罪，有关成员可以提出换名申请，从而把这个恶魔永远钉在灾难史的耻辱柱上。

台风过境对当地的影响

台风是一种破坏力很强的灾害性天气系统，但有时也能起到消除干旱的有益作用。其危害性主要有三个方面：

1.大风。台风中心附近最大风力一般为8级以上。

2.暴雨。台风是最强的暴雨天气系统之一，在台风经过的地区，一般能产生150～300毫米降雨，少数台风能产生1 000毫米以上的特大暴雨。1975年第3号台风在淮河上游产生的特大暴雨，创造了当时中国大陆地区暴雨极值，形成了河南“75·8”大洪水。

3.风暴潮。一般台风能使沿岸海水产生增水，江苏省沿海最大增水可达3米。“9608”和“9711”号台风增水，使江苏省沿江沿海出现超历史的高潮位。

台风除了给登陆地区带来暴风雨等严重灾害外，也有一定的好处。

据统计，包括我国在内的东南亚各国和美国，台风降雨量约占这些地区总降雨量的1/4以上，因此如果没有台风，这些国家的农业困境不可想象。此外，台风对于调剂地球热量、维持热平衡更是功不可没。众所周知，热带地区由于接收的太阳辐射热量最多，因此气候也最为炎热，而寒带地区正好相反。由于台风的活动，热带地区的热量被驱散到高纬度地区，从而使寒带地区的热量得到补偿，如果没有台风就会造成热带地区气候越来越炎热，而寒带地区越来越寒冷，自然地球上温带也就不复存在了，众多的植物和动物也会因难以适应而将出现灭绝，那将是一种非常可怕的情景。

决定台风破坏力的因素

主要由强风、暴雨和风暴潮三个因素引起。

1.强风台风是一个巨大的能量库，其风速都在17米/秒以上，甚至在60米/秒以上。据测，当风力达到12级时，垂直于风向平面上每平方米风压可达230千克。

2.暴雨台风是非常强的降雨系统。一次台风登陆，降雨中心一天之中可降下100～300毫米的大暴雨，甚至可达500～800毫米。台风暴雨造成的洪涝灾害，是最具危险性的灾害。台风暴雨强度大，洪水出现频率高，波及范围广，来势凶猛，破坏性极大。

3.风暴潮。所谓风暴潮，就是当台风移向陆地时，由于台风的强风和低气压的作用，使海水向海岸方向强力堆积，潮位猛涨，水浪排山倒海般向海岸压去。强台风的风暴潮能使沿海水位上升5～6米。风暴潮与天文大潮高潮位相遇，产生高频率的潮位，导致潮水漫溢，海堤溃决，冲毁房屋和各类建筑设施，淹没城镇和农田，造成大量人员伤亡和财产损失。风暴潮还会造成海岸侵蚀，海水倒灌造成土地盐渍化等灾害。

铺天盖地的海啸

海啸是一种具有强大破坏力的海浪。当地震发生于海底，因震波的动力而引起海水剧烈的起伏，形成强大的波浪，向前推进，将沿海地带一一淹没的灾害，称之为海啸。

海啸是指由海底地震、火山爆发和水下滑坡、塌陷所激发的，其波长可达几百千米的海洋巨波。它在滨海区域的表现形式是海水陡涨，骤然形成“水墙”，伴随着隆隆巨响，瞬时侵入滨海陆地，吞没良田、城镇和村庄，然后海水又骤然退去，或先退后涨，有时反复多次，造成生命财产巨大损失。本地海啸在海啸波到达前，还常伴有强烈的地震或震灾发生。我国也是多风暴潮灾害的国家，历代都把风暴潮和地震海啸所表现的潮位异常混称为海啸、海溢或大海潮等。近20年多年来，我国学术界决定把风暴和地震引起的潮位异常分别称为风暴潮和海啸。另外，有时把天文、风暴和地震原因造成潮位异常所引起的滨海地区受淹导致的灾害统称为 “潮灾”。但多数情况下，所谓潮灾就是习惯地指风暴潮灾害。大洋中海啸震源附近水面最初的升高幅度只有1～2米，这种洋波移行在深水大洋时，波长可达几十到数百千米，最常见的传播速度可达近千千米/小时。所以海啸不会在深海大洋造成灾害甚至难于察觉这种波动。然而当海啸波进入大陆架后，因深度急剧变浅，能量集中，引起振幅增大。若大陆架很窄，从海面到海底流速几乎一样的海啸波携带巨大能量直冲岸边或港湾，波高骤增，这时可能出现波幅为20～30米的巨浪和造成波峰倒卷。这种巨波冲到哪里，哪里便是一片废墟，也正是这些地方，海啸才变为生命的最大威胁和可怕的自然现象。

世界上最大的一次海啸

1960年5月，智利中南部的海底发生了强烈的地震，引发了巨大的海啸，导致数万人死亡和失踪，沿岸的码头全部瘫痪，200万人无家可归，这是世界上影响范围最大、也是最严重的一次海啸灾难。

智利东倚安第斯山脉，西临太平洋海沟，根据现代板块学说的观点，处于太平洋板块与南美洲板块相互碰撞的地带，由海底地震、火山喷发引起的海啸，是智利一种常见的自然灾害。在历史上，智利和太平洋东岸的一些海滨城市，曾多次遭到海啸的侵袭。

1960年5月，厄运又笼罩这个国家。从5月21日凌晨开始，在智利的蒙特港附近海底，突然发生了罕见的强烈地震。震级之高、持续时间之长、波及面积之广，实属少有。大地震一直持续到6月23日，在前后1个多月的时间内，先后发生了225次不同震级的地震。震级在7级以上的有10次之多，其中震级大于8级的有3次。

在这次大海啸的灾变中，除智利首当其冲之外，还涉及相当广泛的地区。太平洋东西两岸，如美国夏威夷群岛、日本、俄罗斯、中国、菲律宾等许多国家与地区，都受到了不同程度的影响，有的损失也十分惨重。

地震发生后，海啸波又以每小时700千米的速度，横扫了西太平洋岛屿。仅仅14个小时，就到达了美国的夏威夷群岛。到达夏威夷群岛时，波高达9～10米，巨浪摧毁了夏威夷岛西岸的防波堤，冲倒了沿堤大量的树木、电线杆、房屋、建筑设施，淹没了大片大片的土地。不到24小时，海啸波走完了大约1.7万千米的路程。到达了太平洋彼岸的日本列岛。此时，海浪仍然十分汹涌，波高达6～8米，最大波高达8.1米。翻滚着的巨浪肆虐着日本诸岛的海滨城市。本州、北海道等地，停泊港湾的船只、沿岸的港湾和各种建筑设施，遭到了极大的破坏。临太平洋沿岸的城市、乡村和一些房屋以及一些还来不及逃离的人们，都被这突如其来的波涛卷入大海。这次由智利海啸波及的灾难，造成了日本数百人的死亡，冲毁房屋近4 000所，沉没船只逾百艘，沿岸码头、港口及其设施多数被毁坏。

智利大海啸还波及了太平洋沿岸的俄罗斯。在堪察加半岛和库页岛附近，海啸波涌起的巨浪亦达6～7米左右，致使沿岸的房屋、船只、码头、人员等遭到不同程度的破坏和损失。

在菲律宾群岛附近，由智利海啸波及的巨浪也高达7～8米左右，沿岸城市和乡村居民遭到了同样的厄运。中国沿海由于受到外围岛屿的保护，受这次海啸的影响较小。但是，在东海和南海的验潮站，都记录到了这次地震海啸引发的汹涌波涛。总之，智利大海啸对太平洋沿岸大部分地区，都造成了程度不同的破坏，其影响范围之大，为历史所仅见。

当我们遇到海啸怎么办

第一，地震是海啸最明显的前兆。如果你感觉到较强的震动，不要靠近海边、江河的入海口。如果听到有关附近地震的报告，要做好防海啸的准备，注意电视和广播新闻。要记住，海啸有时会在地震发生几小时后到达离震源上千千米远的地方。

第二，海上船只听到海啸预警后应该避免返回港湾，海啸在海港中造成的落差和湍流非常危险。如果有足够时间，船主应该在海啸到来前把船开到开阔海面。如果没有时间开出海港，所有人都要撤离停泊在海港里的船只。

第三，海啸登陆时海水往往明显升高或降低，如果你看到海面后退速度异常快，应立刻撤离到内陆地势较高的地方。

●小链接

百年以来死亡人数过千的8次大海啸

¤1908年12月28日意大利墨西拿地震引发海啸。震级7.5

级。在近海掀起高达12米的巨大海浪，地震发生在当天凌晨5点，海啸中死难82 000人，这是欧洲有史以来死亡人数最多的一次灾难性地震，也是20世纪死亡人数最多的一次地震海啸。

¤1933年3月2日，本三陆近海地震引发海啸，震级8.9级，引发海啸浪高29米，死亡人数3 000人。

¤1959年10月30日，墨西哥海啸引发山体滑坡，死亡人数5 000人。

¤1960年5月21日到27日，智利沿海地区发生20世纪震级最大的震群型地震，其中最大震级8.4级，引起的海啸最大波高为25米。海啸使智利一座城市中的一半建筑物成为瓦砾，沿岸100多座防波堤坝被冲毁，2000余艘船只被毁，损失5.5亿美元，造成10 000人丧生。此外，海浪还以每小时600～700千米的速度扫过太平洋，使日本沿海1 000多所住宅被冲走，2万多亩良田被淹没，15万人无家可归。

¤1976年8月16日，菲律宾莫罗湾海啸，8 000人死亡。

¤1998年7月17号，非洲巴布亚新几内亚海底地震引发的49米巨浪海啸，2 200人死亡，数千人无家可归。

¤2004年12月26日，印度尼西亚苏门答腊岛发生40年来最严重的9级大地震，引发超级大海啸，20多万人死亡，这可能是世界近200多年来死伤最惨重的海啸灾难。

¤2011年3月11日，日本东北部发生强烈地震，强度高达9级，引发了巨大海啸并导致福岛第一核电站核泄漏。

为什么海啸比地震直接造成的损失大

海啸是一种具有强大破坏力的海浪。这种波浪运动引发的狂涛骇浪，汹涌澎湃，它卷起的海涛，波高可达数10米。这种“水墙”内含极大的能量，冲上陆地后所向披靡，往往造成对生命和财产的严重破坏。智利大海啸形成的波涛，移动了上万千米仍不减雄风，足见它的巨大威力。

海啸是一种灾难性的海浪，通常由震源在海底下50千米以内、里氏震级6.5以上的海底地震引起。水下或沿岸山崩或火山爆发也可能引起海啸。在一次震动之后，震荡波在海面上以不断扩大的圆圈，传播到很远的距离，正像卵石掉进浅池里产生的波一样。海啸波长比海洋的最大深度还要大，轨道运动在海底附近也没受多大阻滞，不管海洋深度如何，波都可以传播过去。

剧烈震动之后不久，巨浪呼啸，以摧枯拉朽之势，越过海岸线，越过田野，迅猛地袭击着岸边的城市和村庄，瞬时人们都消失在巨浪中。港口所有设施，被震塌的建筑物，在狂涛的洗劫下，被席卷一空。事后，海滩上一片狼藉，到处是残木破板和人畜尸体。地震海啸给人类带来的灾难是十分巨大的。目前，人类对地震、火山、海啸等突如其来的灾变，只能通过预测、观察来预防或减少它们所造成的损失，但还不能控制它们的发生。

它们同风产生的浪或潮是有很大差异的。微风吹过海洋，泛起相对较短的波浪，相应产生的水流仅限于浅层水体。猛烈的大风能够在辽阔的海洋卷起高度30米以上的海浪，但也不能撼动深处的水。而潮汐每天席卷全球两次，它产生的海流跟海啸一样能深入海洋底部，但是海啸并非由月亮或太阳的引力引起，它由海下地震推动所产生，或由火山爆发、陨星撞击、水下滑坡所产生。海啸波浪在深海的速度能够超过每小时700千米，可轻松地与波音747飞机保持同步。虽然速度快，但在深水中海啸并不危险，低于几米的一次单个波浪在开阔的海洋中其长度可超过750千米，这种作用产生的海表倾斜如此之细微，以致这种波浪通常在深水中不经意间就过去了。海啸是静悄悄地不知不觉地通过海洋，然而却能出乎意料地在浅水中达到灾难性的高度。

水下地震、火山爆发或水下塌陷和滑坡等大地活动都可能引起海啸。地震发生时，海底地层发生断裂，部分地层出现猛然上升或者下沉，由此造成从海底到海面的整个水层发生剧烈“抖动”。这种“抖动”与平常所见到的海浪大不一样。海浪一般只在海面附近起伏，涉及的深度不大，波动的振幅随水深衰减很快。地震引起的海水“抖动”则是从海底到海面整个水体的波动，其中所含的能量惊人。

海啸时掀起的狂涛骇浪，高度可达10多米至几十米不等，形成“水墙”。另外，海啸波长很大，可以传播几千千米而能量损失很小。由于以上原因，如果海啸到达岸边，“水墙”就会冲上陆地，对人类生命和财产造成严重威胁。

漂荡的海洋杀手——海冰

海冰指直接由海水冻结而成的咸水冰，亦包括进入海洋中的大陆冰川（冰山和冰岛）、河冰及湖冰。咸水冰是固体冰和卤水（包括一些盐类结晶体）等组成的混合物，其盐度比海水低2‰～10‰，物理性质（如密度、比热、溶解热、蒸发潜热、热传导性及膨胀性）不同于淡水冰。海冰的抗压强度主要取决于海冰的盐度、温度和冰龄。通常新冰比老冰的抗压强度大，低盐度的海冰比高盐度的海冰抗压强度大，所以海冰不如淡水冰密度坚硬，在一般情况下海冰坚固程度约为淡水冰的75%，人在5厘米厚的河冰上面可以安全行走，而在海冰上面安全行走则要有7厘米厚的冰。当然，冰的温度愈低，抗压强度也愈大。1969年渤海特大冰封时期，为解救船只，空军曾在60厘米厚的堆积冰层上投放30千克炸药包，结果还没有炸破冰层。

广义的海冰还包括在海洋中的河冰、冰山等。最初形成的海冰是针状的或薄片状的，随后聚集和凝结，并在风力、海流、海浪和潮汐的作用下，互相堆叠而成重叠冰和堆积冰。一般情况下都浮于海面，形状规则的海冰露出水面的高度为总厚度的1/7～1/10，尖顶冰露出的高度达总厚度的1/4～1/3。反射率为0.50～0.70，抗压强度约为淡水冰的3/4。

现在海上的冰，包括来自大陆的淡水冰（冰川和河冰）和由海水直接冻结而成的咸水冰。一般多指后者。海冰与海岸或海底冻结在一起的称为“固定冰”；能随风、海流漂移的称为“浮冰”。海冰在冻结和融化过程中，会引起海况的变化；流冰会影响船舰航行和危害海上建筑物。

海冰大小不一，小的面积不足1平方千米，大的面积有几百甚至几千平方千米，高出海面100多米，如同冰岛。海冰是产生海洋灾害的因素之一，一块6 000平方米，高度为1.5米的冰山在流速不太大的情况下，其推力可达40 000吨，足以推倒石油平台等海上工程建筑物。

1912年4月15日，"泰坦尼克号"就因撞上冰山而沉没。

海冰的危害

含盐量很高的海水，一般气温情况下不易结冰。因为海水的结冰点低于淡水，当冬季气温过低时，海水会排析出盐分而结冰。北冰洋是四季冰封的海洋，太平洋北部的白令海、鄂霍次克海、日本海，大西洋北部的格陵兰海、挪威海、北海和加拿大沿海等海域，冬季都有海冰生成。

我国渤海和黄海北部，每年冬季都有不同程度的结冰现象。辽河、海河、黄河和鸭绿江等出海口附近，是冬季冰情严重的海域。1969年2～3月，渤海发生百年不遇的大冰封灾害，整个渤海被几十厘米至一两米、甚至八九米厚的坚冰封堵了50天之久。进出天津港的123艘客货轮中，7艘被海冰推移搁浅，19艘被海冰夹住不能动，25艘由破冰船破冰后才得以逃脱，5艘万吨级货轮螺旋桨被海冰碰坏，1艘巨轮被海冰挤压破裂进水，引水船螺旋桨也被海冰碰坏，船体变形，航标灯全部被海冰挟走。天津港务局观测平台被海冰推倒，海洋石油1号钻井平台支座拉筋被海冰割断而倒塌，2号钻井平台也被海冰推倒。不冻港的塘沽港、秦皇岛港遭港也遭海冰灾害，损失惨重。

冬季渤海常受西伯利亚强寒潮侵袭，气温下降到海水结冰点以下，造成大面积海洋灾害。1936年、1947年、1957年、1969年、1977年和1980年等，都出现过严重的冰封灾害。为减轻海冰灾害，全国海上安全指挥部每年冬季都部署渤海防冻破冰工作，海军破冰船舰随时待命出海破冰，空军飞机随时待命出航巡视观测海上冰情，国家海洋环境监测预报中心加强对海冰的监测预报。随着现代化科学技术的发展和运用，我国海冰监测预报、预报和救援，都将达到更高的水平。

气候变暖北冰洋海冰加速融化

北纬66度33分以北的北极地区，包括北冰洋及其岛屿、北美大陆和欧亚大陆的北部边缘地带，主要由北冰洋和环北极国家陆地行政区域组成，总面积约3 100万平方千米，其中北冰洋面积约1 475万平方千米。

北冰洋大部分海域为浮冰区，海冰平均厚3米。但随着全球气候变暖，北极地区气温近年来不断升高，北冰洋上的海冰正加速融化。

科学观测表明，北极春季正提早到来，而且更加暖和；温暖的秋季持续的时间在延长；夏季海冰温度平均每10年增加1.22摄氏度，海冰融化的季节每10年要提前10～17天。

在北美洲东北部格陵兰岛，覆盖在岛上的冰层正在逐渐融化，灌木丛开始向阿拉斯加地区的冻土地带蔓延生长，格陵兰岛正在经历自20世纪30年代以来从未发生过的一段“变暖期”。

据北极科学委员会预测，在未来100年，北半球中高纬度地区升温幅度最大，其中北极在未来80年将会增温3摄氏度。这一升温幅度足以给北极的自然环境和北冰洋带来巨大变化。

科学家根据卫星资料已经发现，北极永久性的海冰每10年减少9%左右。最新的气候预测结果还表明，北极海冰未来的融化速度将是目前的4倍左右。

科学家据此预测，到2070年，北极的夏季可能基本无冰。

海洋幽灵——厄尔尼诺

厄尔尼诺现象又称厄尔尼诺海流，是太平洋赤道带大范围内海洋和大气相互作用后失去平衡而产生的一种气候现象，就是沃克环流圈东移造成的。正常情况下，热带太平洋区域的季风洋流是从美洲走向亚洲，使太平洋表面保持温暖，给印尼周围带来热带降雨。但这种模式每2～7年被打乱一次，使风向和洋流发生逆转，太平洋表层的热流就转而向东走向美洲，随之便带走了热带降雨，出现所谓的“厄尔尼诺现象”。

“厄尔尼诺”一词来源于西班牙语，原意为“圣婴”。19世纪初，在南美洲的厄瓜多尔、秘鲁等西班牙语系的国家，渔民们发现，每隔几年，从10月至第二年的3月便会出现一股沿海岸南移的暖流，使表层海水温度明显升高。南美洲的太平洋东岸本来盛行的是秘鲁寒流，随着寒流移动的鱼群使秘鲁渔场成为世界四大渔场之一，但这股暖流一出现，性喜冷水的鱼类就会大量死亡，使渔民们遭受灭顶之灾。由于这种现象最严重时往往在圣诞节前后，于是遭受天灾而又无可奈何的渔民将其称为上帝之子——圣婴。后来，在科学上此词语用于表示在秘鲁和厄瓜多尔附近几千千米的东太平洋海面温度的异常增暖现象。当这种现象发生时，大范围的海水温度可比常年高出3摄氏度～6摄氏度。太平洋广大水域的水温升高，改变了传统的赤道洋流和东南信风，导致全球性的气候反常。

厄尔尼诺现象的基本特征是太平洋沿岸的海面水温异常升高，海水水位上涨，并形成一股暖流向南流动。它使原属冷水域的太平洋东部水域变成暖水域，结果引起海啸和暴风骤雨，造成一些地区干旱，另一些地区又降雨过多的异常气候现象。

厄尔尼诺的出现没有固定的周期，有时相隔五六年才出现，有时仅隔一年就出现。厄尔尼诺发生时，一般可持续数月甚至数年之久，其结果往往是酿成全球性的洪水、暴风雪、干旱、地震等灾难，使人类蒙受空前的损失。

厄尔尼诺的原因

一般认为，厄尔尼诺现象是太平洋赤道带大范围内海洋与大气相互作用失去平衡而产生的一种气候现象。在东南信风的作用下，南半球太平洋大范围内海水被风吹起，向西北方向流动，致使澳大利亚附近洋面比南美洲西部洋面水位高出大约50厘米。当这种作用达到一定程度后，海水就会向相反方向流动，即由西北向东南方向流动。反方向流动的这一洋流是一股暖流，即厄尔尼诺暖流，其尽头为南美西海岸。受其影响，南美西海岸的冷水区变成了暖水区，该区域降水量也大大增加。厄尔尼诺现象的基本特征是：赤道太平洋中、东部海域大范围内海水温度异常升高，海水水位上涨。

近年来，一些科学家对厄尔尼诺现象的成因提出了不同的看法。

在探索厄尔尼诺现象形成机理的过程中，科学家们发现了这样的巧合：20世纪20年代到50年代，是火山活动的低潮期，也是世界大洋厄尔尼诺现象次数较少、强度较弱的时期；50年代以后，世界各地的火山活动进入了活跃期，与此同时，大洋上厄尔尼诺现象次数也相应增多，而且表现十分强烈。根据近百年的资料统计，75%左右的厄尔尼诺现象是在强火山爆发后一年半到两年间发生的。这种现象引起了科学家的特别关注，有科学家就提出，是海底火山爆发造成了厄尔尼诺暖流。

近年来更多的研究发现，厄尔尼诺事件的发生与地球自转速度变化有关，自20世纪50年代以来，地球自转速度破坏了过去10年的平均加速度分布，一反常态呈4～5年的波动变化，一些较强的厄尔尼诺年平均发生在地球自转速度发生重大转折年里，特别是自转变慢的年份。地转速率短期变化与赤道东太平洋海温变化呈反相关，即地转速率短期加速时，赤道东太平洋海温降低；反之，地转速率短期减慢时，赤道东太平洋海温升高。这表明，地球自转减慢可能是形成厄尔尼诺现象的主要原因。分析指出，当地球自西向东旋转加速时，赤道带附近自东向西流动的洋流和信风加强，把太平洋洋面暖水吹向西太平洋，东太平洋深层冷水势必上翻补充，海面温度自然下降而形成拉尼娜现象。当地球自转减速时，“刹车效应”使赤道带大气和海水获得一个向东惯性力，赤道洋流和信风减弱，西太平洋暖水向东流动，东太平洋冷水上翻受阻，因暖水堆积而发生海水增温、海面抬高的厄尔尼诺现象。

“厄尔尼诺”对人类的影响

对居住在印度尼西亚、澳大利亚、东南非的人来说，厄尔尼诺意味着 严重的干旱和致命的森林火灾。厄瓜多尔、秘鲁、加利福尼亚的人则认为厄尔尼诺会带来暴风雨，然后引发严重洪水和泥石流。在全世界范围内，强厄尔尼诺事件不但造成几千人的丧生，还会使成千上万人流离失所，造成数十亿美元损失。而在美洲东北沿岸的居民认为厄尔尼诺会使冬天变得更温暖（可节省取暖费），飓风季节相对平静。

1982到1983年的强厄尔尼诺事件爆发时间十分异常。4月前后，秘鲁沿岸的海温并不是特别高。后来才知道1982年7月，厄尔尼诺的信号就已明显表现出来。不幸的是，4月份，墨西哥El Chichon火山爆发，向大气高层喷射出大量微粒云团，使监测太平洋海温的卫星受到干扰，卫星监测到的海温比实际要低得多。那时虽然赤道处也有浮标，但观测资料却在数月后仪器被修复才得到。所以，实际上科学家们没有意识到一场威胁即将来临。澳大利亚经历了20世纪最严重的灾难，大火、农业灾害和牲畜死亡造成了数亿美元的财政亏损。非洲的次撒哈拉的大部分地区遭受了旱灾，南非共和国和津巴布韦这样的食物出口国也不得不向国际社会求援。而厄瓜多尔南部和秘鲁北部部分地区在6个月的时间里竟下了100毫米的雨，河水的流量是正常的一千倍。在整个事件中，全世界有2 100人丧生，几十万人被迫疏散，更多的人无家可归，全球损失超过130多亿美元。

1997年初，其中一些模式就把海温变暖的报警信号显示了出来。春季，NOAA咨询报告向世人警示，可能会出现一场大的厄尔尼诺事件。到11月，厄尔尼诺增暖的高峰期，4 500英里的广阔海域上的海表温度上升了5摄氏度，这是有记录以来最强的升温。1997到1998年的厄尔尼诺事件如同1982年到1983年的那次一样，对社会产生了灾难性的影响。暴风雨连续数月袭击了加利福尼亚，许多山体滑坡，危害到1 400多个家庭。仅美国就有大约90人丧命，包括佛罗里达州中部39人，那里受到了一系列看似无序的龙卷风袭击，一些人认为这跟厄尔尼诺对高空急流影响有关。印度尼西亚遭受了森林和泥炭火灾，整个东南亚上空被黑烟笼罩。在秘鲁沿岸，鱼类储量骤然跌落，也危及了当地的海豹、海狮、洪堡企鹅以及海鸥和燕鸥那样的海鸟。在墨西哥，熊熊大火烧焦了珍贵的云雾林。在巴拿马发生了旱灾，为巴拿马运河供水的湖水水位下降，政府被迫下令禁止船只通过运河，这种情况在15年来还是首次。由于早期的预报就警告有可能出现旱灾，所以巴西东南部的农民种植了耐旱的庄稼。洛杉矶、加利福尼亚的居民联合起来清理疏导排洪沟渠、建筑防洪大堤、布置沙包。加利福尼亚投保的人数从不到265 000剧增并超过333 000。加拉帕哥斯群岛的居民重新铺设了道路，安装了排水系统，加强了例如供水和交通的这样的基础服务。

通过一些测量手段证明，1997年至1998年厄尔尼诺现象的发展演变是20世纪的最高峰。它使41个国家遭受水灾和旱灾，使4年来全球粮食第一次下降到接近世界食品安全线的最低水平。此次厄尔尼诺现象影响最严重的地区是亚洲、南美洲和中美洲，使全世界37个发展中国家粮食紧缺。

海洋魔女——拉尼娜

拉尼娜是西班牙语“小女孩、圣女”的意思，是厄尔尼诺现象的反向，指赤道附近东太平洋水温反常下降的一种现象，表现为东太平洋明显变冷，同时也伴随着全球性气候混乱，总是出现在厄尔尼诺现象之后。

气象和海洋学家用来专门指发生在赤道太平洋东部和中部海水大范围持续异常变冷的现象（海水表层温度低出气候平均值0.5摄氏度以上，且持续时间超过6个月以上）。拉尼娜也称反厄尔尼诺现象。

厄尔尼诺和拉尼娜是赤道中、东太平洋海温冷暖交替变化的异常表现，这种海温的冷暖变化过程构成一种循环，在厄尔尼诺之后接着发生拉尼娜并非稀罕之事。同样拉尼娜后也会接着发生厄尔尼诺。但从1950年以来的记录来看，厄尔尼诺发生频率要高于拉尼娜。拉尼娜现象在当前全球气候变暖背景下频率趋缓，强度趋于变弱。特别是在20世纪90年代，1991年到1995年曾连续发生了3次厄尔尼诺，但中间没有发生拉尼娜。

一般拉尼娜现象会随着厄尔尼诺现象而来，出现厄尔尼诺现象的第二年，都会出现拉尼娜现象，有时拉尼娜现象会持续两三年。1988～1989年，1998～2001年都发生了强烈的拉尼娜现象，令太平洋东部至中部的海水温度比正常低了1摄氏度～2摄氏度，1995～1996年发生的拉尼娜现象则较弱。有的科学家认为，由于全球变暖的趋势，拉尼娜现象有减弱的趋势。

拉尼娜的形成原因

厄尔尼诺与赤道中、东太平洋海温的增暖、信风的减弱相联系，而拉尼娜却与赤道中、东太平洋海温度变冷、信风的增强相关联。因此，实际上拉尼娜是热带海洋和大气共同作用的产物。信风，是指低气中从热带地区刮向赤道地区的信风，在北半球被称为“东北信风”，南半球被称为“东南信风”，很久很久以前住在南美洲的西班牙人，利用这恒定的偏东风航行到东南亚开展商务活动。因此，信风又名贸易风。

海洋表层的运动主要受海表面风的牵制。信风的存在使得大量暖水被吹送到赤道西太平洋地区，在赤道东太平洋地区暖水被刮走，主要靠海面以下的冷水进行补充，赤道东太平洋海温比西太平洋明显偏低。当信风加强时，赤道东太平洋深层海水上翻现象更加剧烈，导致海表温度异常偏低，使得气流在赤道太平洋东部下沉，而气流在西部的上升运动更为加剧，有利于信风加强，这进一步加剧赤道东太平洋冷水发展，引发所谓的拉尼娜现象。

愤怒的海浪——风暴潮

风暴潮是一种灾害性的自然现象。由于剧烈的大气扰动，如强风和气压骤变（通常指台风和温带气旋等灾害性天气系统）导致海水异常升降，使受其影响的海区的潮位大大地超过平常潮位的现象，称为风暴潮。

有人称风暴潮为“风暴海啸”或“气象海啸”，在我国历史文献中又多称为“海溢”“海侵”“海啸”及“大海潮”等，把风暴潮灾害称为“潮灾”。风暴潮的空间范围一般由几十千米至上千千米，时间尺度或周期约为1～100小时，介于地震海啸和低频天文潮波之间。但有时风暴潮影响区域随大气扰动因子的移动而移动，因而有时一次风暴潮过程可影响一两千千米的海岸区域，影响时间多达数天之久。

风暴潮根据风暴的性质，通常分为由台风引起的台风风暴潮和由温带气旋引起的温带风暴潮两大类。

台风风暴潮，多见于夏秋季节。其特点是：来势猛、速度快、强度大、破坏力强。凡是有台风影响的海洋国家、沿海地区均有台风风暴潮发生。

温带风暴潮，多发生于春秋季节，夏季也时有发生。其特点是：增水过程比较平缓，增水高度低于台风风暴潮。主要发生在中纬度沿海地区，以欧洲北海沿岸、美国东海岸以及我国北方海区沿岸为多。

我国是世界上两类风暴潮灾害都非常严重的少数国家之一，风暴潮灾害一年四季均可发生，从南到北所有沿岸均无幸免。国内外通常以引起风暴潮的天气系统来命名风暴潮。例如，由1980年第7号强台风（国际上称为Joe台风）引起的风暴潮，称为8007台风风暴潮或Joe风暴潮；

由1969年登陆北美的Camille飓风引起的风暴潮，称为Camille风暴潮等。

据统计，在热带气旋和温带气旋多发区附近，极易受大风的影响，产生风暴潮。具体来讲，全球热带气旋多发区有8个，其中突出的有西北和东北太平洋、北太平洋、孟加拉湾、南太平洋和西南印度洋等。而温带气旋多发区，大都分布在北纬20度以北的海域，在北纬20度以南一般不会出现。

风暴潮成灾因素

风暴潮灾害居海洋灾害之首位，世界上绝大多数因强风暴引起的特大海岸灾害都是由风暴潮造成的。

风暴潮能否成灾，在很大程度上取决于其最大风暴潮位是否与天文潮高潮相叠，尤其是与天文大潮期的高潮相叠。当然，也决定于受灾地区的地理位置、海岸形状、岸上及海底地形，尤其是滨海地区的社会及经济（承灾体）情况。如果最大风暴潮位恰与天文大潮的高潮相叠，则会导致发生特大潮灾，如8923和9216号台风风暴潮。1992年8月28日至9月1日，受第16号强热带风暴和天文大潮的共同影响，我国东部沿海发生了1949年以来影响范围最广、损失非常严重的一次风暴潮灾害。潮灾先后波及福建、浙江、上海、江苏、山东、天津、河北和辽宁等省、市。风暴潮、巨浪、大风、大雨的综合影响，使南自福建东山岛，北到辽宁省沿海的近万千米的海岸线，遭受到不同程度的袭击。受灾人口达2 000多万，死亡194人，毁坏海堤1 170千米，受灾农田193.3万公顷，成灾33.3万公顷，直接经济损失90多亿元。

一般来说，地理位置正处于海上大风的正面袭击、海岸呈喇叭口形状、海底地势平缓、人口密度大、经济发达的地区，所受的风暴潮灾害相对来讲要严重些。

当然，如果风暴潮位非常高，虽然未遇天文大潮或高潮，也会造成严重潮灾。8007号台风风暴潮就属于这种情况。当时正逢天文潮平潮，由于出现了5.94米的特高风暴潮位，仍造成了严重风暴潮灾害。依国内外风暴潮专家的意见，一般把风暴潮灾害划分为四个等级，即特大潮灾、严重潮灾、较大潮灾和轻度潮灾。

风暴潮是受强劲风的影响把海水冲向海岸，如果遇到喇叭口似的入海口，或者说有河流的顶托作用，风暴潮会更强。

但是陆上的地震一般都不会引起强风或者海水的倒灌，就算是地壳运动引起的地震，地球内部热量涌出上升成云致雨，也只是陆地上有风而已（比如汶川地震后的暴雨天气），不会由海洋吹向陆地。

但是如果是海底地震就不一样了，很可能引起风暴潮，甚至海啸。

红色幽灵——赤潮

赤潮，被喻为“红色幽灵”。赤潮又称红潮，是海洋生态系统中的一种异常现象。它是由海藻家族中的赤潮藻在特定环境条件下爆发性地增殖造成的。

赤潮是水体中某些微小的浮游植物、原生动物或细菌，在一定的环境条件下突发性地增殖和聚集，引起一定范围内一段时间中水体变色现象。通常水体颜色因赤潮生物的数量、种类而呈红、黄、绿和褐色等。

赤潮虽然自古就有，但随着工农业生产的迅速发展，水体污染日益加重，赤潮也日趋严重。

赤潮不仅给海洋环境、海洋渔业和海水养殖业造成严重危害，而且对人类健康甚至生命都有影响。主要包括两个方面：

一是引起海洋异变，局部中断海洋食物链，使海域一度成为死海；

二是有些赤潮生物分泌毒素，这些毒素被食物链中的某些生物摄入，如果人类再食用这些生物，则会导致中毒甚至死亡。

赤潮究竟是一种原本就存在的自然现象，还是人为污染造成的，至今尚无定论。但根据大量调查研究发现，赤潮发生必须具备以下条件：

①海域水体高营养化；

②某些特殊物质参与作为诱发因素，已知的有维生素B1、B12，铁、锰，脱氧核糖核酸；

③环境条件，如水温、盐度等也决定着发生赤潮的生物类型。发生赤潮的生物类型主要为藻类，目前已发现有63种浮游生物，硅藻有24种、甲藻32种、蓝藻3种、金藻1种、隐藻2种、原生动物1种。

赤潮又称红潮，是海洋因浮游生物的兴盛，海水呈现一片铁锈红色而得名。这种使海水变色的浮游生物，主要是繁殖力极强的海藻，其他的还有极微小的单细胞原生动物——各类鞭旋虫等。赤潮的海水都有臭味，因而也被渔民们俗称为“臭水”。它主要会使水体变黏稠，附着在鱼虾表皮和鳃上，导致鱼虾呼吸困难而死亡；许多赤潮生物还有较大毒性，因此它对海洋捕捞业、养殖业的危害极大。

引发赤潮的内因是海域水体本身富营养化，外因则是适宜的水温和气候条件等。专家们指出，近年来从长江口到浙江沿海海域污染严重，每年有数以亿吨计的污水排入东海；近年海水养殖业又有较大发展，大量网箱养殖中残余饵料和鱼类排泄物也沉积水体。这些污染沉积物含有丰富的氮和磷，导致海水富营养化，极易诱发赤潮。养殖区海域更易发生小范围赤潮。

2004年东海海域出现大规模赤潮，与近期持续高温天气有关。预防的最根本方法是管理好水质，必须严格控制好入海物质的污染物含量。对于海水养殖者来说，就有个科学养殖的问题。在养殖海域，要密切注意对水质的监测，一旦发现有赤潮侵袭或发生的苗头，就得减少投饵量，使养殖水产品减少活动量；同时撒播黏土，也可用重铁盐、硫酸铜等来减少或杀灭一定量的赤潮生物。如已发生赤潮，则应迅速将网箱转移到安全水域，或用薄膜阻隔赤潮水体进入。

赤潮的危害及预防

赤潮一般可分为有毒赤潮与无毒赤潮两类。有毒赤潮是指赤潮生物体内含有某种毒素或能分泌出毒素的生物为主形成的赤潮。有毒赤潮一旦形成，可对赤潮区的生态系统、海洋渔业、海洋环境以及人体健康造成不同程度的毒害。无毒赤潮是指以体内不含毒素，又不分泌毒素的生物为主形成的赤潮。无毒赤潮对海洋生态、海洋环境、海洋渔业也会产生不同程度的危害，但基本不产生毒害作用。

海水富营养化是赤潮发生的物质基础和首要条件。水文气象和海水理化因子的变化是赤潮发生的重要原因。海水养殖的自身污染亦是诱发赤潮的因素之一。

赤潮对海洋生态平衡的破坏。海洋是一种生物与环境、生物与生物之间相互依存、相互制约的复杂生态系统，系统中的物质循环、能量流动都是处于相对稳定、动态平衡的。当赤潮发生时这种平衡遭到干扰和破坏。在植物性赤潮发生初期，由于植物的光合作用，水体会出现高叶绿素a、高溶解氧、高化学耗氧量。这种环境因素的改变，致使一些海洋生物不能正常生长、发育、繁殖，导致一些生物逃避甚至死亡，破坏了原有的生态平衡。

有些赤潮生物分泌赤潮毒素，当鱼、贝类处于有毒赤潮区域内，摄食这些有毒生物，虽不能被毒死，但生物毒素可在体内积累，其含量大大超过食用时人体可接受的水平。这些鱼虾、贝类如果不慎被人食用，就引起人体中毒，严重时可导致死亡。

预防赤潮的措施有：建立完善的赤潮监控体系，及时发现，采取防范措施；控制污染，减缓或扭转海域富营养化。

治理赤潮的措施：喷洒化学药品直接杀死赤潮生物或喷洒絮凝剂，使生物粘在一起，沉降到海底；通过机械设备把含赤潮海水吸到船上进行过滤，把赤潮生物分离；用围栏把赤潮发生区域隔离起来，避免扩散。

天空的愤怒之手——龙卷风

龙卷风是一种强烈的、小范围的空气涡旋，是在极不稳定天气下由空气强烈对流运动而产生的，由雷暴云底伸展至地面的漏斗状云（龙卷）产生的强烈的旋风，其风力可达12级以上，最大可达每秒100米以上，一般伴有雷雨，有时也伴有冰雹。不论海洋、陆地均可产生龙卷风，在海洋洋面产生的几率更大。

空气绕龙卷的轴快速旋转，受龙卷中心气压极度减小的吸引，近地面几十米厚的一薄层空气内，气流被从四面八方吸入涡旋的底部。并随即变为绕轴心向上的涡流，龙卷中的风总是气旋性的，其中心的气压可以比周围气压低10%。

龙卷风是一种伴随着高速旋转的漏斗状云柱的强风涡旋。龙卷风中心附近风速每秒可达100～200米，最大300米，比台风近中心最大风速大好几倍。它具有很大的吸吮作用，可把海（湖）水吸离海（湖）面，形成水柱，然后同云相接，俗称“龙取水”。由于龙卷风内部空气极为稀薄，导致温度急剧降低，促使水汽迅速凝结，这是形成漏斗云柱的重要原因。漏斗云柱的直径，平均只有250米左右。龙卷风产生于强烈不稳定的积雨云中。它的形成与暖湿空气强烈上升、冷空气南下、地形作用等有关。它的生命史短暂，一般维持十几分钟到一二小时，但其破坏力惊人，能把大树连根拔起，建筑物吹倒，或把部分地面物卷至空中。江苏省每年几乎都有龙卷风发生，但发生的地点没有明显规律。出现的时间，一般在六七月间，有时也发生在8月中上旬。

龙卷风是云层中雷暴的产物。具体地说，龙卷风就是雷暴巨大能量中的一小部分在很小的区域内集中释放的一种形式。龙卷风的形成可以分为四个阶段：

1.大气的不稳定性产生强烈的上升气流，由于急流中的最大过境气流的影响，它被进一步加强。

2.由于与在垂直方向上速度和方向均有改变的风相互作用，上升气流在对流层的中部开始旋转，形成中尺度气旋。

3.随着中尺度气旋向地面发展和向上伸展，它本身变细并增强。同时，一个小面积的增强风，即初生的龙卷在气旋内部形成，产生气旋的同样过程，形成龙卷核心。

4.龙卷核心中的旋转与气旋中的不同，它的强度足以使龙卷一直伸展到地面。当发展的涡旋到达地面高度时，地面气压急剧下降，地面风速急剧上升，形成龙卷。

龙卷风常发生于夏季的雷雨天气时，尤以下午至傍晚最为多见。袭击范围小，龙卷风的直径一般在十几米到数百米之间。龙卷风的生存时间一般只有几分钟，最长也不超过数小时。风力特别大，在中心附近的风速可达100～200米/秒。破坏力极强，龙卷风经过的地方，常会发生拔起大树、掀翻车辆、摧毁建筑物等现象，有时把人吸走，危害十分严重。

龙卷风的危害和防范措施

龙卷的袭击突然而猛烈，产生的风是地面上最强的。在美国，龙卷风每年造成的死亡人数仅次于雷电。它对建筑的破坏也相当严重，经常是毁灭性的。

在强烈龙卷风的袭击下，房子屋顶会像滑翔翼般飞起来。一旦屋顶被卷走后，房子的其他部分也会跟着崩解。因此，建筑房屋时，如果能加强房顶的稳固性，将有助于防止龙卷风过境时造成巨大损失。

在家时，务必远离门、窗和房屋的外围墙壁，躲到与龙卷风方向相反的墙壁或小房间内抱头蹲下。躲避龙卷风最安全的地方是地下室或半地下室。

在电杆倒、房屋塌的紧急情况下，应及时切断电源，以防止电击人体或引起火灾。

在野外遇龙卷风时，应就近寻找低洼地伏于地面，但要远离大树、电杆，以免被砸、被压和触电。

汽车外出遇到龙卷风时，千万不能开车躲避，也不要在汽车中躲避，因为汽车对龙卷风几乎没有防御能力，应立即离开汽车，到低洼地躲避。

第五篇

世界著名航海家

郑和七下西洋

郑和下西洋这一世界航海史上的壮举标志着中国古代造船、航海的顶峰。

明初，元代的“驱口”得到了自由，手工业者可以“纳银代役”，人民生产的积极性提高了。经济取得了恢复和发展，明朝前期我国国势强盛，矿冶业、纺织业、制瓷业特别是沿江海发达的造船业以其高超的水平和突出的特色展现于世界。明太祖朱元璋死后，因太子朱标早死，由皇太孙朱允文继位，即建文帝。经过“靖难之役”（1399～1402年），朱元璋第四子燕王朱棣夺得帝位，是为成祖。为了争取海外地区对政权更替的了解和归附，提高威望，显示中国富强，加强与海外各国经济文化友好联系，明成祖派郑和出使西洋。

郑和（1371～1435年）是我国历史上伟大的航海家。也是世界航海史上的先驱。本姓马名和，小字三保，回族，云南昆阳州（今并入晋宁）人。世奉伊斯兰教。其祖及父都曾到伊斯兰教圣地麦加去朝圣，被尊称为“哈吉”（意为“朝圣者”）。郑和出身名门望族，幼年受过良好教育，了解一些外洋情况。明太祖洪武十四年（1381年），朱元璋为扫平元朝梁王残部，派大将傅友德征云南，次年，战事结束。郑和之父在战乱中死去，12岁的郑和被俘，拨至燕王府，后充宦官。由于郑和“自幼有材志”“丰躯伟貌”“博辩机敏”，谦恭谨密，不辞辛苦，渐受朱棣赏识重用。后随朱棣参加“靖难之役”，“出入战阵多建奇功”。朱棣夺得皇位后，被提升为内官监太监，执掌营建宫室及供应皇室所需。永乐二年（1404年）赐姓郑，自此改名郑和。

郑和七下西洋的过程

郑和初次奉使，是在永乐三年六月十五日（1405年7月11日）。据《明史》记载：“将士卒二万七千八百余人，多赍金币，造大舶，修四十四丈、广十八丈者六十二。”此行历占城、爪哇、苏门答腊、锡兰山、古里及旧港等国家和地区，于永乐五年九月初二（1407年10月2日）还朝。

郑和第二次奉使，是在永乐五年九月十三日（1407年10月13日）。历经之地较前次大为增多，计有占城、爪哇、满剌加、暹罗、渤泥、苏门答剌、锡兰山、小葛兰、柯枝、古里、加异勒等国。回国日期是在永乐七年（1409年）夏末。

郑和第三次奉使，是在永乐七年九月（1409年10月）。此次所历国家，据《明实录》载："……太监郑和赍敕使古里、满剌加、苏门答剌、阿鲁、加异勒、爪哇、暹罗、占城、柯枝、阿拨巴丹、小葛兰、南巫里、甘巴里诸国，赐其王锦绮纱罗。"其还京日期则为永乐九年六月（1411年7月）。

郑和第四次奉使，出洋日期《天妃灵应之记碑》载为永乐十一年（1413年）冬。所历国家为满剌加、爪哇、占城、苏门答剌、阿鲁、柯枝、古里、南渤利、彭亨、急兰丹、加异勒、忽鲁谟斯、比剌、溜山、孙剌，且抵非洲东岸麻林地、木骨都束、卜剌哇等国。其还京日期则在永乐十三年七月（1415年8月）。

据《明史》记载，郑和第五次奉使出洋日期在永乐十五年（1417年）冬。此行先到占城，然后到爪哇，以后经旧港、满剌加、彭亨到苏门答剌、南巫里，转向西航至锡兰山，而达柯枝，然后到古里。由古里向西北行至忽鲁谟斯，又南下入阿拉伯海，而至剌撒、阿丹，由阿丹过曼德海峡，而抵木骨都束、卜剌哇、麻林地等东非国家。再由麻林地东航，横渡印度洋，经由溜山、锡兰山、苏门答剌、满剌加等地回国。其回归日期为永乐十七年七月庚申（1419年8月17日）。

郑和第六次下西洋的往返日期，为永乐十九年（1421年）春至永乐二十年八月（1422年9月）。所经主要国家和地区有占城、满剌加、苏门答剌、暹罗、锡兰山、溜山、小葛兰、加异勒、柯枝、古里、忽鲁谟斯、佐法儿、剌撒、阿丹、木骨都束、竹步、天方。

郑和第七次出使的时间是宣德六年十二月（1432年1月），于宣德八年七月（1433年8月）返回。此次下西洋主要访问了忽鲁谟斯、锡兰山、古里、满刺加、柯枝、卜刺哇、木骨都束、南渤利、苏门答剌、剌撒、溜山、阿鲁、甘巴里、阿丹、佐法儿、竹步、加异勒等二十国及旧港宣慰司。在归途中，郑和于1433年4月初在印度南部西海岸之科泽科德逝世。

郑和及其船队依靠集体的力量和智慧在惊涛骇浪中与海洋搏斗。他们勇于战胜困难，甚至不惜生命代价的开拓进取精神，表现了中国人大无畏的英雄气概。他们所到之处进行的政治、经济、文化活动谱写了中外人民世代友好的篇章。他们总结的航海经验和开拓的航路是留给后人的丰富珍贵的文化遗产，永远值得后人景仰和纪念。至今各国一直保存着纪念郑和航海的文物和古迹。在爪哇有三宝垅、三宝洞、三宝公庙等；在泰国也有三宝寺。在非洲索马里把当地发掘出土的明代瓷器作为中索人民传统友谊的象征。

绕好望角航行的第一位欧洲人——迪亚士

巴尔托洛梅乌· 迪亚士（约1450～1500年5月24日），为葡萄牙著名的航海家，于1488年春天最早探险至非洲最南端好望角的莫塞尔湾，为后来另一位葡萄牙航海探险家瓦斯科· 达· 伽马开辟通往印度的新航线奠定了坚实的基础。

13世纪末，威尼斯商人马可· 波罗的游记，把东方描绘成遍地黄金、富庶繁荣的乐土，引起了西方到东方寻找黄金的热潮。然而，奥斯曼土耳其帝国的崛起，控制了东西方交通要道，对往来过境的商人肆意征税勒索，加上战争和海盗的掠夺，东西方的贸易受到严重阻碍。到15世纪，葡萄牙和西班牙完成了政治统一和中央集权化的过程，他们把开辟到东方的新航路，寻找东方的黄金和香料作为重要的收入来源。这样，两国的商人和封建主就成为世界上第一批殖民航海者。

迪亚士出生于葡萄牙的一个王族世家，青年时代就喜欢海上的探险活动，曾随船到过西非的一些国家，积累了丰富的航海经验。15世纪80

年代以前，很少有人知道非洲大陆的最南端究竟在何处。为了弄明白这一点，许多人雄心勃勃地乘船远航，但结果都没有成功。作为开辟新航路的重要部分，西欧的探险者们对于越过非洲最南端去寻找通往东方的航线产生了极大的兴趣。因此，迪亚士受葡萄牙国王若昂二世委托出发寻找非洲大陆的最南端，以开辟一条往东方的新航路。经过10个月时间的准备后，迪亚士找来了4个相熟的同伴及其兄长一起踏上这次冒险的征途，并于1487年8月从里斯本出发，率领两条武装舰船和一艘补给船，沿着非洲西海岸向南驶去，以弄清非洲最南端的秘密。绕过非洲，打开一条通往印度的航路。

迪亚士率船队离开里斯本后，沿着已被他的前几任船长探查过的路线南下。过了南纬22° 后，他开始探索欧洲航海家还从未到过的海区。大约在1488年1月初，迪亚士航行到达南纬33° 线。1488年2月3日，他到达了今天南非的伊丽莎白港。迪亚士明白自己真的找到通往印度的航线。为了印证自己的想法，他让船队继续向东北方向航行。3天后，他们来到一个伸入海洋很远的地角，迪亚士把它命名为“风暴之角”。后来被葡萄牙国王改名为“好望角”。

哥伦布发现新大陆

克里斯托弗·哥伦布（1451～1506年）是西班牙著名航海家，是地理大发现的先驱者。哥伦布年轻时就是地圆说的信奉者，他十分推崇马可·波罗，立志要做一个航海家。

他在1492年到1502年间四次横渡大西洋，发现了美洲大陆，他也因此成为名垂青史的航海家。

哥伦布是意大利人，自幼热爱航海冒险。他读过《马可·波罗游记》，十分向往印度和中国。当时，地圆说已经很盛行，哥伦布也深信不疑。他先后向葡萄牙、西班牙、英国、法国等国国王请求资助，以实现他向西航行到达东方国家的计划，都遭拒绝。一方面，地圆说的理论尚不十分完备，许多人不相信，把哥伦布看成江湖骗子。一次，在西班牙关于哥伦布计划的专门的审查委员会上，一位委员问哥伦布：即使地球是圆的，向西航行可以到达东方，回到出发港，那么有一段航行必然是从地球下面向上爬坡，帆船怎么能爬上来呢？对此问题，滔滔不绝、口若悬河的哥伦布也只有语塞。另一方面，当时，西方国家对东方物质财富需求除传统的丝绸、瓷器、茶叶外，最重要的是香料和黄金。其中香料是欧洲人起居生活和饮食烹调必不可少的材料，需求量很大，而本地又不生产。当时，这些商品主要经传统的海、陆联运商路运输。经营这些商品的既得利益集团也极力反对哥伦布开辟新航路的计划。哥伦布为实现自己的计划，到处游说了十几年。直到1492年，西班牙王后慧眼识英雄，她说服了国王，甚至要拿出自己的私房钱资助哥伦布，使哥伦布的计划才得以实施。

1492年8月3日，哥伦布受西班牙国王派遣，带着给印度君主和中国皇帝的国书，率领3艘百吨的帆船，从西班牙巴罗斯港扬帆出大西洋，直向正西航去。经70昼夜的艰苦航行，1492年10月12日凌晨终于发现了陆地。哥伦布以为到达了印度。后来知道，哥伦布登上的这块土地，属于现在中美洲加勒比海中的巴哈马群岛，他当时为它命名为圣萨尔瓦多。

1493年3月15日，哥伦布回到西班牙。此后他又3次重复他的向西航行，又登上了美洲的许多海岸。直到1506年逝世，他一直认为他到达的是印度。后来，一个叫作亚美利哥的意大利学者，经过更多的考察，才知道哥伦布到达的这些地方不是印度，而是一个原来不为人知的新的大陆。哥伦布发现了新大陆。但是，这块大陆却用证实它是新大陆的人的名字命了名：美洲。

后来，对于谁最早发现美洲不断出现各种微词。哥伦布发现新大陆的结论是不容置疑的。这是因为当时，欧洲乃至亚洲、非洲整个旧大陆的人们确实不知大西洋彼岸有此大陆。至于谁最先到达美洲，则是另外的问题，因为美洲土著居民本身就是远古时期从亚洲迁徙过去的。中国、大洋洲的先民航海到达美洲也是极为可能的，但这些都不能改变哥伦布发现新大陆的事实。

哥伦布的远航是大航海时代的开端。新航路的开辟，改变了世界历史的进程。它使海外贸易的路线由地中海转移到大西洋沿岸。从那以后，西方终于走出了中世纪的黑暗，开始以不可阻挡之势崛起于世界，并在之后的几个世纪中，成就海上霸业。一种全新的工业文明成为世界经济发展的主流。

达·迦马发现印欧航线

达·伽马是15世纪末和16世纪初葡萄牙航海家，也是开拓了从欧洲绕过好望角通往印度的地理大发现家。由于他实现了从西欧经海路抵达印度这一创举而驰名世界，并被永远载入史册。

1460年，达·伽马出生于葡萄牙一个名望显赫的贵族家庭，其父也是一名出色的航海探险家，曾受命于国王的派遣从事过开辟通往亚洲海路的探险活动，几经挫折，宏大的抱负尚未如愿而却溘然去世了。达·伽马的哥哥巴乌尔也是一名终生从事航海生涯的船长，曾随同达·伽马从事1497年的探索印度的海上活动。为此，达·伽马是一名青少年时代受过航海训练，出生于航海世家的贵族子弟。

15世纪下半叶，野心勃勃的葡萄牙国王妄图称霸于世界，曾几次派遣船队考察和探索一条通向印度的航道。1486年，他派遣以著名航海家迪亚士为首的探险队沿着非洲西海岸航行，决心找寻出一条通往东方的航路。当船队航行到今好望角附近的海域时，强劲的风暴使这支船队险些葬身于鱼腹之中。迪亚士被迫折回葡萄牙。从此，欧洲人便发现了非洲最南端的好望角。事过不到几年，1492年哥伦布率领的西班牙船队发现美洲新大陆的消息传遍了西欧。面对西班牙将称霸于海上的挑战，葡萄牙王室决心加快抓紧探索通往印度的海上活动。子继父业，葡萄牙王室将这一重大政治使命交给了年富力强、富有冒险精神的贵族子弟——达·伽马。

1497年7月8日，达·伽马奉葡萄牙国王曼努埃尔之命，率领4艘船共计140多水手，由首都里斯本启航，踏上了去探索通往印度的航程。开始他循着10年前迪亚士发现好望角的航路，迂回曲折地驶向东方。水手们历尽千辛万苦，在足足航行了将近4个月时间和4 500多海里之后，来到了与好望角毗邻的圣赫勒章湾，看到了一片陆地。向前将遇到可怕的暴风袭击，水手们无意继续航行，纷纷要求返回里斯本，而此时达·伽马则执意向前，宣称不找到印度他是绝不会罢休的。圣诞节前夕，达·伽达率领的船队终于闯出了惊涛骇浪的海域，绕过了好望角驶进了西印度洋的非洲海岸。1497年圣诞节时，达·伽马来到南纬31度附近一条高耸的海岸线面前，他想起这一天是圣诞节，于是将这一带命名为纳塔尔，现今南非共和国的纳塔尔省名即由此而来，葡语意为“圣诞节”。继后，船队逆着强大的莫桑比克海流北上，巡回于非洲中部赞比西河河口。4月1日船队抵达今肯尼亚港口蒙巴萨，当地酋长自认为这批西方人是他们海上贸易的对手，态度极为冷淡。然而，当达·伽马船队于4月14日来到马林迪港口抛锚停泊时，却受到马林迪酋长的热情接待。他想与葡萄牙人结成同盟以对付宿敌蒙巴萨酋长，并为达·伽马率领的船队提供了一名理想的导航者，即著名的阿拉伯航海家伊本·马吉德。这位出生于阿拉伯半岛阿曼地区的导航员马吉德，是当时著名的航海学专家，由他编著的有关西印度洋方面的航海指南至今仍有一定的使用价值。达·伽马率领的船队依靠经验丰富的领航员马吉德的导航。于4月24日从马林迪启航，乘着印度洋的季风，沿着他所熟知的航线，一帆风顺地横渡了浩瀚的印度洋，于5月20日到达印度南部大商港卡利卡特。而该港口正好是半个多世纪以前，是我国著名航海家郑和所经过和停泊的地方。同年8月29日，达·伽马带着香料、肉桂和五六个印度人率领船队返航，途中经过马林迪，并在此建立了一座纪念碑，这座纪念碑至今还矗立着。1499年9月，达·伽马带着剩下一半的船员胜利地回到了里斯本。

当达·伽马完成了第二次远航印度的使命后，得到了葡萄牙国王的额外赏赐，1519年受封为伯爵。1524年，他被任命为印度副王。同年4月以葡属印度总督身份第三次赴印度，9月到达果阿，不久染疾。12月死于柯钦。

为了垄断葡萄牙与东方之间的贸易利益，对于欧洲各列强，葡萄牙王室曾一度对他们封锁了绕过好望角可达到印度的消息。另一方面，葡萄牙王室又秘密策划了对印度洋上其他航路的封锁。并为此发动了一场对阿拉伯人的海战，于印度洋上打败了阿拉伯舰队。一时间，葡萄牙船队成为独霸于印度洋海域的盟主。

从1494年葡、西两国签订的划分海外势力范围的《托尔德西拉条约》到1529年再次协议签订的《萨拉戈萨条约》，由于达·伽马开辟印度新航路的成功，像葡萄牙这样一个人口当时仅为150万的小国竟囊括东大西洋、西太平洋、整个印度洋及其沿岸地区的贸易和殖民权利。

由于新航路的发现，自16世纪初以来，葡萄牙首都里斯本很快成为西欧的海外贸易中心。葡萄牙、西班牙等国的商人、传教士、冒险家聚集于此，从此启航去印度、去东方掠夺香料，掠夺珍宝、掠夺黄金。这条航道为西方殖民者掠夺东方财富而进行资本的原始积累带来了巨大的经济利益。无怪乎西方人直至400年后的1898年，仍念念不忘达·伽马对开辟印度新航道的贡献而举行纪念活动。

然而必须指出的是，新航道的打通同时也是欧洲殖民者对东方国家进行殖民掠夺的开端。在以后几个世纪中，由于西方列强接踵而来，印度洋沿岸各国以及西太平洋各国相继沦为殖民地和半殖民地。达·伽马的印度新航路的开辟，最终给东方各国人民带来了深重的民族灾难。

麦哲伦环球航行

1519年9月20日，麦哲伦率船队开始了远航，从而最终第一次证明了大地球形说。1519年9月20日晨，在西班牙塞维利亚城外港桑卢卡尔港，隆隆的炮声送走了人类有史以来最奇异的远航。

当欧洲人把大西洋走得不再陌生时，他们还不知太平洋的存在，这个比大西洋古老得多的地球上最大的水体卧伏在亚洲之东、美洲之西的巨大海盆上，那时还不曾有一个欧洲人闯入过。16世纪初，西班牙探险家从巴拿马西岸的高山上，发现了新大陆和亚洲之间，有一个宏伟的大洋，当时欧洲人叫它“大南海”。

第一轮的探险热开始了，欧洲的探险家们纷纷吵嚷着要去美洲寻找通向大南海的海峡，他们相信一定有一条这样的海峡存在。在那些跃跃欲试的人中，有一位名叫麦哲伦的葡萄牙军人，他在很年轻的时候就跟随远航舰队到达过马六甲海峡，并在夺取这个东方交通命脉的战斗中，为葡萄牙建立过功勋。因为这些忠臣的浴血拼杀，葡萄牙最终控制了马六甲海峡和马六甲城。但是，当麦哲伦回到阔别多年的祖国时，除了身上的战伤和一个跟随他的马来亚奴仆亨利外，一无所有。他来到国王面前，讲述自己的远航知识，希望效力于国家并得到重任，可曼纽尔国王傲慢地拒绝了。

麦哲伦想组建船队去东方寻找香料群岛，传说那里神奇的热带风光十分美丽，还有数不尽的财富。他思忖香料群岛的位置，它在东方海洋之东端，按地球是圆形之理论，哥伦布向西航行的路线应是正确的，只要在美洲找到那条通向大南海的海峡，进入神秘的大南海，再向西一直航行下去，就能到达香料群岛。麦哲伦为自己的计划欢欣鼓舞，他带着这个伟大的西航计划来到邻国西班牙。西班牙国王立刻答应为这个被他的祖国抛弃的葡萄牙人组建远航船队。麦哲伦被授予海军上将、舰队统帅和未来他所发现的全部岛屿与大陆的总督之职。

麦哲伦的船队由5艘舰船组成，共256人。在最初几天的航行中，海上风平浪静，他们利用轻快的东北信风和赤道海流航行。两个月之后，船队横渡大西洋，到达巴西。

麦哲伦站在南美海岸，苦苦思索着那条神秘海峡，它应该在南美的某个地方，他久久地遥望着那长无尽头的蛮荒的海岸线，似乎听到神秘海峡的召唤，那鲸歌一般悠扬苍凉的召唤声就在远天飘摇着。于是，他毫不犹豫地起航沿南美海岸南行。船队一连走了几个月，所到之处仍然是坚固的陆地，根本没有海峡的影子。而麦哲伦的固执简直令人不可理喻，他命令船队放慢速度贴着海岸航行，不放过一个海湾，对它们进行仔细地勘测，想在冬天来临之前找到海峡。冬天就在这缓慢的航行中到来了，吼叫的寒风连同翻卷起的刺骨的大浪一起击打着舰船，海岸荒凉得不见一只野兽。

春天到来时，船队向南开拔，人们默默无言，不知前方等待着他们的是什么。行到南纬52度，船队进入一个深远的海湾，船员们的眼前一亮，半年以来，他们看到的一直是荒寂的海岸，凄冷昏暗的海湾，而这里完全是另一番天地。两旁起伏的群山覆盖着皑皑白雪，显得壮丽无比，这岩石峭壁夹持的昏黑的水道是通向大南海的入口吗？麦哲伦站在甲板上，整个人沐浴在冰雪气息之中，他仿佛又听到那鲸歌一般悠扬的召唤声，船队踏上了前所未有的希望之路。他们在那处大海湾里走了一个多月，1520年11月22日，一条海峡闪现在前方，这就是他们历尽千辛万苦找到的神秘海峡，后人称它为“麦哲伦海峡”。

船队平静地驶过海峡，他们的眼前忽然出现了一片巨大的水域，一片开阔无比的大洋，这是欧洲人从未莅临的地球上的另一个海，最大最古老的海。舰船升起西班牙国旗，向着大洋鸣礼炮致意。从这一天起，人类终于弄清了自己星球的模样，在这颗星球上，世界大洋都是相连的，陆地不能也不可能分割它们。麦哲伦船队驶入一望无际一无所知的大洋，海上风平浪静，多太平的一片大洋！麦哲伦于是亲切地将这片“大南海”称为“太平洋”。这便是太平洋名称的由来。

船队在太平洋上航行了许多日子，一天，他们在一个岛上抛锚，面对岸上聚集的大量土人，麦哲伦命令自己的马来亚奴仆亨利先上岸去打探一下情况，亨利走到土人中间，这是海洋探险史上最激动人心的时刻：亨利竟然听懂了岛民们的话语，那是他本民族的语言，这些土人都是他的同胞，亨利扬起头，泪水在他的面颊上流淌，从多年前离开苏门答腊，跟随麦哲伦从印度到欧洲，从大西洋到太平洋，他整整绕了地球一周，回到了家乡。之后不久，也就是1521年4月27日，麦哲伦在与菲律宾群岛中的马克坦岛土著人冲突时，中箭死去。1522年9月8日，船队中的维多利亚号回到桑卢卡尔港。

这就是著名的麦哲伦环球航行。麦哲伦——文明人类中最坚强的一员，完成了有史以来最辉煌的旅行，证明了大地球形说的正确。在人类还没有从外层空间观测自己星球的时候，这名葡萄牙军人在500年前就用勇气和意志弄清了地球的形状。

第一个证实北极是海洋的探险家——南森

弗里乔夫·南森是挪威的一位北极探险家、动物学家和政治家。他由于1888年跋涉格棱兰冰盖、1893～1896年乘“弗雷姆”号横跨北冰洋的航行而在科学界出名。南森还因为从西伯利亚、中国和世界其他地区遣返50万名战俘的工作和直接援救俄国遭受饥饿的人民（1921～1923年）而获得了诺贝尔和平奖（1921～1922年）。

南森是一位律师的儿子。他于1861年10月10日出生在挪威奥斯陆(克里斯蒂安尼亚)附近的一个富有家庭里。1880年南森进入克里斯蒂安尼亚大学攻读动物学。1882年，他乘船到格陵兰水域去做调查研究。这次海上调查激起了他对研究北冰洋的强烈爱好。返回挪威之后，他成为卑尔根博物馆负责动物学采集的管理人员。1888年他从克里斯蒂安尼亚大学获得博士学位。

1887年，南森提出用雪橇进行横跨格陵兰冰盖的考察规划。但是挪威政府拒绝提供资金。后来他从一个丹麦人那里获得了财政支援，于是便开始执行他的计划。1888年5月，南森在5个同伴的伴随下离开挪威。由于冰的状况考察组在靠岸之后遇到了相当大的困难，8月16日他们开始由东向西艰苦地行进。10月上旬，南森到达格陵兰西海岸上的戈德撒泊村。但是因为最后的一班轮船已经启航，所以他们不得不在那里过冬。而那个冬天却给了南森研究爱斯基摩人的一个机会，最后他写成一本名叫《爱斯基摩生活》的书并于1891年出版。

格陵兰考察成功之后，使南森为他下一次探险——利用浮冰群漂浮横跨北冰洋所进行的筹款活动中遇到的困难大为减少。南森利用那些大部分是私人捐助的资金建造了一艘船。并给该船取名为“弗雷姆”。这艘船的最大特色是其外壳呈圆形。这样可以使船易于挤进大冰群并拱在其上面。1893年6月24日，南森带着12个同伴启程向北冰洋进发。9月22日，“弗雷姆”号到达切柳斯金角东北方向的北纬78度50分，东经133度31分的冰区。在漂浮过程中，南森通过计算发现这条路不能使该船跨过北极。因此，在1895年春天南森带着一个同伴离船乘雪橇向北极前进。冰况使行进遇到难以克服的困难。所以他们于4月8日返回到离那里1 126.5千米远的弗朗兹—约瑟夫—兰德。根据记录，他们曾到达过北纬86度14分的地方。在南森回到挪威8天之后，“弗雷姆”号也返回挪威。

南森回到挪威以后，在克里斯蒂安尼亚大学任动物学教授。但是，他的兴趣却转向物理海洋学。后来，在1908年他转为海洋学教授。从1896年至1917年，南森致力于科学研究。他参与了国际海洋考察理事会的创建工作，并参加了“迈克尔·萨斯”号到挪威海的调查（1900）、“弗里德持乔夫”号穿过北大西洋中部的调查（1910）、“维斯列莫伊”号到斯匹次卑尔根海区的调查（1912）和“阿尔马乌尔·汉森”号到亚速尔群岛及B. 赫兰德—汉森区的调查（1914）。上述这些调查研究的成果，最后出版了许多文献。其中很多出版物上都有南森亲自作的图解说明。另外，南森还在海洋学仪器的设计，风生洋流的解释和北方水域水层形成的方式等方面的研究中做出了贡献。

第六篇

世界著名沉船

西班牙阿托卡夫人号

沉没时间：1622年

宝藏：40吨财宝，价值约4亿美元

西班牙对殖民财富的掠夺采用了最野蛮的方式。当时南美洲被证实富含金银矿和其他稀有资源，于是西班牙殖民者在新大陆唯一的工作就是开采和经营矿山。一船又一船的金银财宝成为殖民掠夺的罪证。

西班牙的运金船最害怕海盗和飓风，为了对付海盗，每支船队都配备了大炮、船身坚固的“护卫船”，阿托卡夫人号就是这样一艘护卫船。1622年8月，阿托卡夫人号所在的由29艘船组成的船队载满财宝从南美返回西班牙。由于是护卫船，大家把最贵重、数量最多的财宝放在阿托卡夫人号上，遗憾的是阿托卡夫人号的大炮对飓风没有什么威慑力。当船队航行到哈瓦那和古巴之间海域时，飓风席卷了船队中落在最后的5艘船。阿托卡夫人号由于载重太大，航行速度最慢，成为首当其冲的袭击目标。船很快沉到深17米的海底。其他船只上的水手马上跳下水，希望抢救出一些财宝，但是就在他们找到残骸，准备打捞金条时，又一场更具威力的飓风袭来，所有水下的人都在飓风中丧生。

梅尔·费雪给自己的定义是寻宝人。1955年他成立了一个名叫“拯救财宝”的公司，专门在南加州一带的海域寻找西班牙沉船。20年的打捞生涯里，费雪先后打捞起6条赫赫有名的西班牙沉船，成为圈中名人，也赚了大把钞票。不知不觉，费雪到了该退休的年龄，不过他不愿意离开打捞船，因为他曾发誓一定要找到传说中有着最多财宝的阿托卡夫人号。于是全家人为这个理想放弃了公司的正常运转，费雪的妻子、儿子和女儿陪着父亲一起下水，在海底寻找梦想。他们的搜寻一丝不苟，只要看到不是石头的东西都要用金属探测器探测。1985年7月20日，费雪和家人找到了阿托卡夫人号和上面数以吨计的黄金，不过这种喜悦却被30年的艰难磨得平淡。费雪认为上帝一定会让他找到阿托卡夫

人号，只不过一直考验他的耐心而已。

这个号称海底最大宝藏的沉船上有40吨财宝，其中黄金就有将近8吨，宝石也有500千克，所有财宝的价值约为4亿美元。费雪寻找阿托卡夫人号的故事在美国成了中国“铁杵磨成针”的故事，“寻找阿托卡”竟然也成了常用短语，意思是坚持梦想，必会成功。

阿托卡夫人号上的宝藏完全是以量取胜，以吨计的黄金和一个家庭30年的不懈努力使它排在世界十大宝藏的第三位。

英国“苏塞克斯”号

沉没时间：1694年

宝藏：价值24亿英镑的金币

1694年，英国国王于1693年签署了一份文件，并于次年派出一艘名叫“苏塞克斯”的战舰和12艘护卫舰，前往地中海增援在那里与法国交战的英国部队。这支战舰还有一项不为人知的使命——贿赂奥地利的萨伏伊公爵，让他在战争中站在英国一边，共同对抗当时的法国国王路易十四。萨伏伊公爵是奥地利哈布斯堡王朝最杰出的外籍将领之一，时称路易十四的克星。由于途中遇到风暴，“苏塞克斯”号在直布罗陀海峡沉没，船上550人只有2人生还。大约10年前，一份偶然发现的官方文件暗示，“苏塞克斯”号上有大量金币。这驱使美国奥德赛海洋探险公司不断追寻这艘沉船的下落。

奥德赛公司于1998年开始寻找“苏塞克斯”号，利用声波探测技术，测定了船的具体位置，随后启用电子机器人潜入水下900米深处，对古船残骸进行拍照和取样。经过3年多的努力，奥德赛公司已经打捞出一门船尾大炮、几颗炮弹以及一些铁枪。而且，根据机器人所拍摄的录像，可以依稀分辨出该沉船的船锚与17世纪末英国古战舰的船锚相似。参加探险行动的英国海上考古专家多布森在提交给英国国防部的报告中说，打捞起来的样品表明，奥德赛公司在直布罗陀海峡发现的沉船就是“苏塞克斯”号。奥德赛公司随即与英国政府签订合约，负责打捞这艘沉船。

根据奥德赛公司与英国政府达成的协议，如果打捞出来的财宝价值在2 800万英镑以下，奥德赛公司将得到这批财宝的80%作为报酬；如果超过2 800万英镑，双方各得50%；一旦财宝价值达到3.19亿英镑，英国政府的份额就上升到60%。

然而，西班牙不久便要求也从中分得一杯羹。在经过与英国多年的政治较量之后，西班牙终于发放了打捞“苏塞克斯”号的通行证。

2007年3月，西班牙政府和英国政府达成协议，按照协议，两国将共同寻找英国沉船皇家海军“苏塞克斯”号上的货物，西班牙会派遣一队考古学家，全程参与水下考古和打捞工作，如果沉船被证实是“苏塞克斯”号，它将根据国际法承认船体和船上的货物为英国财产。

2007年5月18日，奥德赛公司宣布，他们从大西洋海底一艘古老沉船上，起获重达17吨的殖民时期金银财宝，总价值至少为5亿美元。这是人类有史以来“出水”的最大一笔海底沉船宝藏。但目前奥德赛公司找到的沉船到底是不是“苏塞克斯”号，还有待进一步考证。

西班牙“圣荷西”号

沉没时间：1708年

宝藏：载满金条，至少值10亿美元

1708年5月28日，一艘西班牙大帆船“圣荷西”号缓缓从巴拿马起航，向西班牙领海驶去，这艘警备森严的船上载满着金条、银条、金币、金铸灯台、祭坛用品等珠宝，这批宝藏据估计至少值10亿美元。当时，西班牙正与英国、荷兰等国处于敌对状态，英国著名海军将领韦格正率领着一支强大的舰队在附近巡逻。然而“圣荷西”号船长费德兹全然不顾，天真地认为：大海何其大，难道会这么巧遇上敌舰？6月8日，当费德兹在加勒比海惊恐地发现前面海域上一字排开的英国舰队

时，傻了眼。猛然间，炮火密布，水柱冲天，几颗炮弹落在“圣荷西”号的甲板上，海水吞噬了巨大的船体。

1983年，哥伦比亚公共部长西格维亚正式宣布：“圣荷西”号是哥伦比亚的国家财产，不属于那些贪得无厌的寻宝者。人们估计，哥国政府已经勘察出沉船的地点了，尽管打捞费用高达3 000万美元，但与这批宝藏相比算不了什么。

“巴图希塔姆”号

沉没时间：唐朝

宝藏：6万件中国8世纪陶瓷制品

这是一次传奇般的人生旅程，起点是德国一座为建筑公司浇筑水泥柱的噪音刺耳的工厂，终点是世界上许多城市竞标世界上最大宗的8世纪中国珍宝。这一旅程的主人就是47岁的德国人蒂尔曼·沃尔特法恩，他因在从东南亚海域打捞出一批价值连城的中国珍宝后，转眼变成超级巨富。

当年，蒂尔曼·沃尔特法恩听一个印尼雇员讲了沉船故事，说船中可能有珍宝。说者无心，听者有意。沃尔特法恩在得知这个消息后，对这条沉船产生了浓厚兴趣。沃尔特法恩从海底共打捞上6万件物品，其中包括陶瓷酒壶、茶碗、刻有浮雕的金银餐具。

这些珍贵物品都是产自中国的8世纪陶瓷制品，当时中国唐代的商人将中国的瓷器装上阿拉伯的独桅三角帆船上，然后出口到马来西亚等地。研究表明这艘船可能是在东南亚海域遇暴风雨袭击后，撞到水下暗礁沉没的。考古学家表示，巴图希塔姆号沉船（这是沃尔特法恩给自己的海底发现起的名称）向人们展现了无可争辩的事实，那就是在1 200年前，中国已经开始发展海上贸易。

西班牙黄金船队

沉没时间：1702年

宝藏：5 000辆马车的黄金珠宝

1702年，西班牙历史上著名的“黄金船队”在大西洋维哥湾被英国人击沉，从而留下探宝史上一大遗案。当时西班牙国内财政困窘，一支由17艘大帆船组成的庞大船队遵命载着从南美洲掠夺的金银珠宝火速运回西班牙。在6月的一天，正当“黄金船队”驶到大西洋维哥湾时，突然一支英荷联合舰队拦住去路，绝望的“黄金船队”总司令下令烧毁运载金银珠宝的船只，瞬时间，维哥湾成为一片火海。

据被俘的西班牙海军上将估计：约有5 000辆马车的黄金珠宝沉入了海底。尽管英国人冒险多次潜入海下，但仅捞上很少的战利品。于是，这批宝藏强烈吸引着无数寻宝者。从此，在方圆近1 000海里的海底，涌现了一批批冒险家的身影。

“中美”号淘金船

沉没时间：1857年

宝藏：淘金汉用血汗换来的黄金

公元1849年，美国加州发现金矿，一时间便掀起淘金热，西部和东部的冒险者云集于此，为一寸矿地而争夺，火拼、流血整整8年后，一群群人带着用血汗换来的黄金，准备回家，结束这种残酷危险的日子。1857年9月10日，他们乘坐的“中美”号汽船在巴拿马海域遇上飓风。妇女和儿童被送上救生艇获救，但423名淘金汉连同那无法估量的黄金葬身海底。

著名的寻宝专家史宾赛对“中美”号汽船表示了强烈兴趣，他已花费了十几年时间来寻找“中美”号，并深信已找到该船沉落的确切地点，并希望尽快打捞出这批黄金。史宾赛似乎为解开加州宝藏之谜带来一线光明。

纳粹宝船

沉没时间：1943年

宝藏：50箱金银珠宝，价值25亿美元

第二次世界大战期间，希腊的北部港口城市达萨洛尼卡是犹太裔希腊人的聚居地。德军入侵希腊后，一个名叫马克斯·默滕的纳粹盖世太保高级军官向当地的犹太裔希腊人发出威胁，称只有交出自己的钱财，才可以免于被处决或被送往集中营。犹太裔希腊人不得不将自己的财产和宝物倾囊拿出。就这样，价值无从估计的财物珠宝全落入了默滕的腰包。1943年，德军开始节节败退，默滕将搜刮来的金银珠宝装上一艘渔船逃走。当船只行驶到希腊达萨洛尼卡海域时，遭遇事故沉没。

1999年，自称“X幽灵”的不明人士声称，他曾和默滕住在一间牢房之中，两人一起度过了两年的铁窗生涯，他得到了默滕的信任，并取得了沉没地点的详细资料。希腊《民族报》率先披露了此事，大多数媒体则称宝藏中有50箱金银珠宝，其价值更达到了惊人的25亿美元。自此打捞工作被提到议事日程上来，并立即引起了各方的关注。可是在接下来的打捞过程中，潜水员们并却没有找到沉船。打捞人员甚至动用了先进的声呐定位系统，但至今依然一无所获。纳粹运宝渔船的准确沉没方位，至今仍是一个谜。

日本“阿波丸”号

沉没时间：1945年

宝藏：黄金40吨，价值50亿美元

“阿波丸”号，一艘令全世界所有打捞者魂牵梦绕的沉船。传说中，那是一座重达40吨的金山。1945年3月28日，“阿波丸”在新加坡装载了从东南亚一带撤退的大批日本人驶向日本。4月1日午夜时分，“阿波丸”航行至我国福建省牛山岛以东海域，被正在该海域巡航的美军潜水舰“皇后鱼”号发现，遭到数枚鱼雷攻击后被击沉。

据美国《共和党报》1976年11月号特刊报道，“阿波丸”上装载有黄金40吨，白金12吨，大捆纸币，工艺品、宝石40箱。据估计，最低可打捞货物价值为2.49亿美元，所有财富价值高达50亿美元。除了这些金银财宝，“阿波丸”沉船上很可能还有一件无价之宝：据称，“北京人”头盖骨化石有可能在“阿波丸”上。中方曾于1977年对“阿波丸”沉船进行过打捞，未发现传言中的40吨黄金与“北京人”头盖骨。然而有学者认为，因为那次打捞不完整，无价的珍宝也许仍静躺在海底。

玛丽·罗斯号

玛丽·罗斯号被称为“世界五大著名沉船”之一。于1509~1511年建造而成的玛丽·罗斯号是第一批可做到舷炮齐射的船只，并得到亨利八世国王的偏爱，被形容为“海洋上一朵最美的花”。这艘船舶的诞生标志着英国海军已由中世纪时“漂浮的城堡”转变为伊丽莎白一世的海军舰队。

1545年7月19日，亨利八世国王在南海城检阅他令人骄傲的舰队出

海迎击法国入侵者。然而，他却目睹了一场灾难：满载的玛丽·罗斯号在一阵风浪里颠簸并迅速倾覆，海水灌进了下面的炮门。当时它的甲板上有90多门炮，大约有700名船员，据说只有不到40人得以幸存。

在这艘伟大的战舰沉没的当年，人们就开始了打捞工作，有些枪炮、帆桁和船帆被打捞了上来，但是打捞工作于1550年中止了。玛丽·罗斯号已经有一部分陷入了淤泥，并在未来的几个世纪里得到了这些淤泥的天然保护。直到20世纪60年代中期，亚历山大·麦祺带领的一支队伍发起了对沉船的调查工作。经过他的努力，这艘都铎王朝的战舰在沉入海底4个多世纪之后，被海水浸透的船骨终于浮出了索伦特海峡的表面。1982年，大约有6 000万人观看了玛丽·罗斯号打捞仪式的现场直播。

英国考古专家、伦敦大学学院的休·蒙特戈麦利教授领导的研究小组，在征得“玛丽·罗斯信托基金会”的同意后，获准接触到“玛丽·罗斯”号上18名船员的遗骸。这些专家检验了遇难船员的头骨后有了惊人的发现：船上2/3船员都不是英国人，而是欧洲南部人，其中以西班牙人居多，是他们听不懂英国上司命令，才导致“玛丽·罗斯”号沉没。

直到今天，这艘船仍然在用聚乙二醇防腐剂不断喷射，以防止船骨腐烂。之后还将经历一个缓慢的干燥过程。到了那时，前往朴次茅斯历史造船厂参观的人们就可以透过玻璃屏风和雾状防腐剂瞻仰它的倩影了。

泰坦尼克号

1912年4月15日，载着1316名乘客和891名船员的豪华巨轮“泰坦尼克号”与冰山相撞而沉没，这场海难被认为是20世纪人间十大灾难之一。1985年，“泰坦尼克号”的沉船遗骸在北大西洋的海底被发现。

泰坦尼克号是当时世界上最大的豪华客轮，被称为是“永不沉没的船”或是“梦幻之船”。泰坦尼克号共耗资7 500万英镑，吨位46 328吨，长882.9米，宽92.5米，从龙骨到四个大烟囱的顶端有175米，高度相当于11层楼，是当时一流的超级豪华巨轮。

在当时，泰坦尼克号的奢华和精致堪称空前。船上配有室内游泳池、健身房、土耳其浴室、图书馆、升降机和一个壁球室。头等舱的公共休息室由精细的木质镶板装饰，配有高级家具以及其他各种高级装饰，并竭尽全力提供了以前从未见过的服务水平。阳光充裕的巴黎咖啡馆为头等舱乘客提供各种高级点心。泰坦尼克号的二等舱甚至是三等舱的居住环境和休息室都同样高档，甚至可以和当时许多客轮的头等舱相比。三台电梯专门为头等舱乘客服务；作为革新，二等舱乘客也有一台电梯使用。

1912年4月10日，泰坦尼克号从英国南安普敦出发，途经法国瑟堡-奥克特维尔以及爱尔兰昆士敦，计划中的目的地为美国的纽约，开始了这艘“梦幻客轮”的处女航。

1912年4月14日晚11点40分，泰坦尼克号的瞭望员摇了三次警铃，并通报说“右前方有冰川” 。不幸的是，接下来所有躲避撞击的努力都为时已晚，一块像岩石般坚硬的冰块刺进了船体，就好像一个巨大的罐头起子，将船身的外壳刺穿了250英尺。由于船上的救生艇数量远远不够，恐慌开始蔓延。1912年4月15日凌晨2点20分，泰坦尼克号最终沉入了北大西洋海底，共有1 503人丧生。

泰坦尼克号也许是有史以来最著名的沉船，这个深达2.5英里的海底坟墓就位于距纽芬兰岛东南部323英里的海域。这艘船是在1985年9月1日由让·路易斯·迈克尔船长和罗伯特·巴拉德博士带领的一支科考队发现的，当时船只已经首尾分离，裂成了两半。船头仍然保持相对完整，而船尾则位于2 000英尺之外，已经严重受损变形。

多年来，自然因素、潜水参观者及劫掠者不断对“泰坦尼克”号残骸及遗宝造成破坏。1987年，一家名为“泰坦尼克风险公司”的企业先后32次打捞作业，出水约1 800件泰坦尼克号物品，但招致众多抗议。这家公司随后将这些物品卖给一家注册名为“RMS泰坦尼克公司”的企业，此后，RMS泰坦尼克公司享有“泰坦尼克”号的打捞特权至今。

RMS泰坦尼克公司1993年打捞出800件沉没遗物。第二年，美国法庭批准这家公司享有打捞“泰坦尼克”遗宝的“特权”，但明确指出，

“这家公司并不拥有残骸及沉没品”。

从1997年开始，RMS泰坦尼克公司在美国佛罗里达州圣彼得堡、弗吉尼亚州诺福克、德国汉堡等地巡回展出打捞出的沉没品。公司统计，全球已有3 300万人参观了这一展览。

路西塔尼亚号

1915年5月7日，由纽约驶往利物浦的途中，冠达海运公司引以为豪的路西塔尼亚号于爱尔兰南部的老金塞尔角附近被一枚德国鱼雷击沉。

1903年，32 000吨级的路西塔尼亚号在苏格兰克莱德班克的约翰布朗船厂开工。路西塔尼亚号建成时是世界最快的邮船，它首次使用了蒸汽轮机代替往复式蒸汽机，这为它创下新的速度记录创造了条件。路西塔尼亚号开创了大西洋邮船的新纪元。之后，大型邮船纷纷把速度和豪华同时作为追求的目标。

第一次世界大战爆发后，英国政府曾计划把kht西塔尼亚号和毛里塔尼亚号改装成武装辅助巡洋舰。1914年8月战争爆发时，路西塔尼亚号被移交给英国海军，并被送往利物浦的加拿大码头，在那里配备上12门6英寸口径的炮。它是作为武装的后备巡洋舰注册为英国海军舰队成员的，而它所装备的武器重量超过了在英吉利海峡巡逻的皇家海军舰队。

路西塔尼亚号被允许继续从事客运业务，以方便美国和英国的战时交流。战时被称为“大西洋快犬”的路西塔尼亚号有足够快的速度，可以摆脱所有的德国潜艇袭击。满载着1 959名乘客（大部分是美国人）和船员，路西塔尼亚号从英国出发了。1915年5月7日，航行到了爱尔兰外海遭遇到大雾，威廉· 特纳船长命令把速度减慢。11点30分，大雾逐渐消散。正在附近游弋的U20德国潜艇发现了路西塔尼亚号。

1915年5月7日14：10过后，负重30 396吨的路西塔尼亚号毫无预警地被一枚鱼雷击中，只用了20分钟左右就沉没了，1 201个男人、妇女和小孩失去了生命。在死亡的人数中，有128人是美国公民。发射鱼雷的德国潜艇U20绕着下沉的船只转了几圈，然后就逃离了现场，于5月13日回到了其位于威廉港的基地。

沉船遗址首次被发现是在1935年。1982年路西塔尼亚号的一个四叶螺旋桨被打捞了上来，现在正在利物浦阿尔伯特港的默西赛德海洋博物馆的码头区展出。

俾斯麦号

俾斯麦号战列舰是第二次世界大战中纳粹德国海军主力水面作战舰艇之一，第二次世界大战时德国建造的火力最强的战列舰，是纳粹德国海军俾斯麦级战列舰的一号舰。1940年服役，排水量52 600吨，舰上人员1 600名。舰上武器有8门380毫米火炮，12门150毫米火炮，16门105毫米火炮，16门37毫米炮和4架飞机。

俾斯麦号被看作是德国海军的骄傲，被邱吉尔形容为“一艘了不起的船只，海军舰队的杰出之作”，从船顶到船底共有17层楼高，长度相当于三个足球场。

然而，这艘德国战舰的首次出航就成了短命之旅。1941年5月，在大西洋上持续了8天的追逐之后，俾斯麦号在最为激烈的一场海战中受到了英国海军的攻击。1941年5月27日，经过数小时的激战，10时40分，“俾斯麦”号沉没于距法国布勒斯特港以西400海里的水域，倾覆并搁靠在一座陡峭的海底山脉上。在沉没前，“俾斯麦”号抵挡住了90发左右英国战列舰主炮炮弹和310发左右其他炮弹的直接命中（只有四发击穿其主装甲带），同时承受了6～8枚各型鱼雷的打击。俾斯麦号上的2 200人（平均年龄为21岁）中只有115人幸存。

1989年，罗伯特博士和他的科考队在仔细搜索了大约200平方英里的区域之后，终于发现了俾斯麦号的残骸。沉船遗址位于爱尔兰的科克以南大约380英里，大西洋底15 000英尺左右的地方。尽管在海战中英国军队强烈的炮火和鱼雷对船体造成了很大的损毁，船只的沉没也对其造成了明显的破坏，令人吃惊的是，沉船的残骸仍然保持着良好的状态。自从得到沉船公墓的法定拥有者——德国政府的允许之后，人们先后对俾斯麦号进行了一些探险。

贝尔格拉诺号

贝尔格拉诺号战舰的沉没是福克兰战争中最惨烈和最引起争议的事件之一。1982年5月2日，英国的核潜艇——英国皇家海军舰船“征服者号”向阿根廷战舰——贝尔格拉诺将军号发射了两枚鱼雷。大约有300人在此次袭击中送命。

1982年5月2日下午3时57分，“征服者号”发射3枚各有800磅弹头的鱼雷，其中2枚命中贝尔格拉诺将军号。一枚鱼雷击中船头附近，未造成伤亡，另一枚则击中船身后半部，造成大爆炸，日后的报告说爆炸中有275人死亡。爆炸虽然没有引起火灾，仍然使船内迅即充满浓烟，爆炸更损坏了船上的电力设备，令它无法发出无线电求救讯号。

大量海水从鱼雷造成的缺口涌入船内，由于电力中断，无法把水抽走，船只开始下沉。下午4时24分舰长邦索下令弃船，船上人员乘救生艇逃生。

此时两艘护航的驱逐舰不知道贝尔格拉诺将军号的处境，亦没有看到求救火箭或灯号，继续向西航行。后来两舰知道时，天色已黑，恶劣天气把救生艇冲散了。在寒冷天气、狂风及巨浪冲击下，有些人在救生艇上冻死。

阿根廷及智利船只从5月3日至5日间救起770人，另外323人丧生。

2003年2月国家地理学会和阿根廷海军共同组成一支探险队，搜索南大西洋海域，以寻找沉船残骸。在海上停留了两周之后，探险队受到南大西洋恶劣天气的影响，未能找到这艘船只。尽管人们认为沉船位于水下4 000米深，距阿根廷海岸180千米波涛汹涌的海底，探险队仍希望他们的仪器（曾用于搜索泰坦尼克号）能够很快找到沉船。

南海一号

“南海一号”为南宋时期商船，船舱内保存文物总数为6~8万件。这是迄今为止世界上发现的海上沉船中年代最早、船体最大、保存最完整的远洋贸易商船，也是唯一能见证古代海上丝绸之路的沉船!

南海一号沉没于水下仅23米深处，船身覆盖了近2米的淤泥，船长30.4米，宽9.8米，高3.5米（不包括桅杆），发现时，甲板已经腐烂，而船身其他部分尚保存完好，全木质结构（马尾松木，杉木），其是迄今发现最大的宋代沉船。

为何“南海一号”能够长存水下800年而不腐？“南海一号”水环境课题组负责人、中山大学生物科学院徐教授介绍说，“南海一号”在浸泡800多年后仍保存完好主要有两个方面原因：一是“南海一号”所沉没的水下环境氧浓度低，可以推测，船在沉没后的短时间内周围很快附着了大量淤泥，从而使船体与外界隔绝，避免了氧化破坏。对沉船周围淤泥的研究发现，淤泥内有很多生物，但没有存活的，这说明船体周围是一个厌氧状况非常好的环境。二是“南海一号”所使用的材质是松木。根据广东民间说法：水泡千年松，风吹万年杉。这表明松木是抗浸泡比较好的造船材料。

“南海一号”出水的瓷器，汇集了德化窑、磁灶窑、景德镇、龙泉窑等宋代著名窑口的陶瓷精品，品种超过30种，多数可定为国家一级、二级文物。“南海一号”还出土了许多“洋味”十足的瓷器，从棱角分明的酒壶到有着喇叭口的大瓷碗，都具有浓郁的阿拉伯风情。

金器是“南海一号”上目前出水最惹眼、最气派的一类文物。到目前为止，南海一号共出水了金手镯、金腰带、金戒指等黄金首饰，没有生锈，闪闪发亮。它们比较统一的特点是粗大。鎏金腰带长1.7米，鎏金手镯口径大过饭碗，粗过大拇指，足足四两不止。可以推测佩戴这些饰品的人体格粗壮，身材高大。根据探测估计，整船文物有6～8万件，足以“武装”一个省级博物馆。

2007年12月22日11时30分左右，深藏于海底800余年的南宋古沉船“南海一号”，在万众瞩目下成功整体打捞出水。中国水下考古工作者为此努力了20年，其成功打捞开创了世界先例。

第七篇

海洋与人类

海水能发电吗

河水能发电，海水也能发电。

利用潮汐就能发电。潮汐电站和河流上的水力发电站是一个原理。人们在靠海的河口或海湾处建造一条大坝，在大坝中间装上水轮发电机组。在涨潮的时候，潮水从海洋通过大坝流进河口或海湾，带动水轮发电机发电；退潮时海水又在流回海洋时，从相反的方向再次带动水轮机发出电来。这种潮汐电站比建在河流上的水电站发电功率稳定，因为它不受洪水和干旱的影响。

海上是无风三尺浪，海浪也是一种能量，不过要把海浪的能量转换成电能，比水力发电要困难得多。20世纪70年代，日本研制成了第一台波力发电装置。英国还有一艘驳船上安装了这种发电机。

利用海水表层和深层温度的差别，也可以发电。这样的发电装置和火力发电站类似：水蒸气推动汽轮机，汽轮机带动发电机就发出电来了。表层海水温度高，作为蒸汽机的热源，而深层的低温海水就是冷却废弃的冷源。美国已在夏威夷附近建成了试验性的海水温差发电站，利用20摄氏度的温差发出了50千瓦的电力。

人们还在研究利用洋流来发电。

随着科学技术的发展，海洋一定能为人类提供越来越多的电能。

海水的直接利用

早在20世纪60年代，日本工业企业直接用海水量已占总用水量的60%以上。目前，日本的发电厂每年直接用的海水就达百亿立方米。美国从20世纪70年代开始，大力推广直接利用海水技术，直接利用海水已占工业总用水量的1/5。

日本、美国、英国已将海水作为冷却水直接用于工业生产上。冷却海水一般采取两种方式：一是间接转换冷却，包括制冷装置、发电冷凝、纯碱生产冷却、石油精炼、动力设备冷却等；二是直接洗涤冷却，即海水与物料直接接触，在使用海水作为冷却水的技术中，海水对设备、管道的腐蚀、结垢、海洋生物附着造成管道阻塞、泥质浅滩海岸的泥沙淤塞、海水水质污染等会给被冷却的装置带来不利影响。为了克服海水对设备装置的腐蚀和生物附着等问题，人们采用了许多新材料、新技术，不断扩大海水的利用范围。例如，为克服海生物的附着，人们采用海水冷却技术结合使用大剂量杀虫剂的办法；为减少设备腐蚀一般采用电气防腐、管内贴衬里等技术。

随着世界淡水危机的加剧，海水直接利用的规模正在不断扩大，尤其是新型防腐涂料的大批出现，防腐技术的迅速提高，防海生物附着的方法和措施日臻完善，大大推动了海水直接利用的进展。

目前，一些国家已经把海水用于生产过程之中。例如，用海水制取建筑材料，以海水为原料制成各种建筑用管材，包括制造类似钢筋混凝土的材料。海水还被直接用于纺织工业的印染，因为海水中存在着许多天然物质可以促进染整工艺。另外，海水中的某些元素带负电荷，经海水处理过的纤维，表面带有负离子，这样可以使纤维表面产生排斥其他物质的作用，从而减少灰尘，提高织物的质量。

此外，海水直接灌溉的技术已经有了突破性进展。美国亚利桑那大学的研究人员在靠海水浇灌成长的1 000多种天然植物中，挑选出一种命名为SOB—7的植物品种，这些植物可以用海水浇灌成长，其果实能加工成类似麦片的食物，富含植物蛋白，也很容易榨取植物油。

海水能转换成饮用水吗

海水淡化是指通过水处理技术，脱除海水中的大部分盐类，使处理后的海水达到生活用水或工业纯净水标准，能作为居民饮用水和工业生产用水。国外海水利用已有近百年的历史，海水已成为一些国家沿海城市和地区水资源的重要组成部分，海水直接用于工业冷却水的相关设备，管道防腐和防海洋生物附着的处理技术已经相当成熟。目前，日本工业冷却水总用量的60%来自海水，每年用量高达3 000亿立方米；美国大约25%的工业冷却用水直接取自海洋，年用量也约1 000亿立方米。

世界上现在已有40多个国家和地区开展了海水淡化工作，建立了约1.1万家海水淡化工厂。据统计，全球海水淡化日产量3年前即达3 250万立方米，解决了1亿多人的用水问题，迄今仍在以每年10% ~ 30%的速度增长。可见，海水淡化在国际上已成为一门新兴产业。目前，淡化技术逐渐成熟，生产成本日趋降低，实践证明，海水淡化已完全可以作为一个安全、稳定的供水源，而且不受降水季节变化的影响。

海水作为生活用水方面，香港利用海水作为居民冲厕用水已有40多年的历史，目前香港有76%的人口采用海水冲厕，日均用量达58万吨，约占全港日均耗水量的18%。

波浪能利用

波浪虽然只是海水质点在原地的圆周运动，它那一起一伏的运动能量也是十分巨大的。有人计算，1平方千米海面上的波浪能可以达到25万千瓦的功率。

海浪的破坏力大得惊人。扑岸巨浪曾将几十吨的巨石抛到20米高处，也曾把万吨轮船举上海岸。海浪曾把护岸的两三千吨重的钢筋混凝土构件翻转。许多海港工程，如防浪堤、码头、港池，都是按防浪标准设计的。

在海洋上，波浪中的巨轮就像一个小木片上下漂荡。大浪可以倾覆巨轮，也可以把巨轮折断或扭曲。假如波浪的波长正好等于船的长度，当波峰在船中间时，船首船尾正好是波谷，此时船就会发生“中拱”。当波峰在船头、船尾时，中间是波谷，此时船就会发生“中垂”。一拱一垂就像折铁条那样，几下子便把巨轮拦腰折断。20世纪50年代就发生过一艘美国巨轮在意大利海域被大浪折为两半的海难。此时，有经验的船长只要改变航行方向，就能避免厄运，因为航向改变即改变了波浪的“相对波长”，就不会发生轮船的中拱和中垂了。

波浪能量如此巨大，存在如此广泛，自古吸引着沿海的能工巧匠们，想尽各种办法，意图驾驭海浪为人所用。

全世界波浪利用的机械设计数以千计，获得专利证书的也达数百件。波浪能利用被称为“发明家的乐园”。

最早的波浪能利用机械发明专利是1799年法国人吉拉德父子获得的。1854～1973年的119年间，英国登记了波浪能发明专利340项，美国为61项。在法国，则可查到有关波浪能利用技术的600种说明书。

早期海洋波浪能发电付诸实用的是气动式波力装置。道理很简单，就是利用波浪上下起伏的力量，通过压缩空气，推动汲筒中的活塞往复运动而做功。1910年，法国人布索·白拉塞克在其海滨住宅附近建了一座气动式波浪发电站，供应其住宅1000瓦的电力。这个电站装置的原理是：与海水相通的密闭竖井中的空气因波浪起伏而被压缩或抽空稀薄，驱动活塞做往复运动，再转换成发电机的旋转运动而发出电力。

20世纪60年代，日本研制成功用于航标灯浮体上的气动式波力发电装置。此种装置已经投入批量生产，产品额定功率从60瓦到500瓦不等。产品除日本自用外，还用于出口，成为仅有的少数商品化波能装备之一。

该产品发电的原理就像一个倒置的打气筒，靠波浪上下往复运动的力量吸、压空气，推动涡轮机发电。

有关专家估计，用于海上航标和孤岛供电的波浪发电设备有数十亿美元的市场需求，这一估计大大促进了一些国家波力发电的研究。20世纪70年代以来，英国、日本、挪威等国为波力发电研究投入大量人力物力，成绩也最显著。英国曾计划在苏格兰外海波浪场，大规模布设“点头鸭”式波浪发电装置，供应当时全英所需电力。这个雄心勃勃的计划，后因装置结构过于庞大、复杂，成本过高而暂时搁置。

我国波力发电研究成绩也很显著。20世纪70年代以来，上海、青岛、广州和北京的五六家研究单位开展了此项研究。用于航标灯的波力发电装置也已投入批量生产。向海岛供电的岸式波力电站也在试验之中。

海流能利用

海流与潮流不同，流向是固定的，因此，又称“定海流”。潮流在大洋上很微弱，海流却像陆地上的河流一样，在大洋上日夜流淌。虽然目力不易分清“河岸”和“河水”，但是，海流也有宽、有窄、有头、有尾、有急、有缓地川流不息。最强 的海流宽上百千米，长数万千米，流速最大可达6～7节（每小时12～14千米）。

人类对海流传统的利用是“顺水推舟”。古人利用海流漂航。帆船时代，利用海流助航正如人们常说的“顺水推舟”。18世纪时，美国政治家兼科学家富兰克林曾绘制了一幅墨西哥湾流图。该图特别详细地标绘了北大西洋海流的流速流向，供来往于北美和西欧的帆船使用，大大缩短了横渡北大西洋的时间。在东方，相传二战时，日本人曾利用黑潮从中国、朝鲜以木筏向本土漂送粮食。现代人造卫星遥感技术可以随时测定各海区的海流数据，为大洋上的轮船提供最佳航线导航服务。

海流发电也受到许多国家的重视。1973年，美国试验了一种名为“科里奥利斯”的巨型海流发电装置。该装置为管道式水轮发电机。机组长110米，管道口直径170米，安装在海面下30米处。在海流流速为2.3米/秒条件下，该装置获得8.3万千瓦的功率。日本、加拿大也在大力研究试验海流发电技术。我国的海流发电研究也已经有样机进入中间试验阶段。

海流发电技术，除上述类似江河电站管道导流的水轮机外，还有类似风车桨叶或风速计那样机械原理的装置。一种海流发电站，有许多转轮成串地安装在两个固定的浮体之间，在海流冲击下呈半环状张开，被称为花环式海流发电站。另外，前面提到的水轮机潮流发电船，也能用于海流发电。

潮汐能开发利用

潮汐是一种世界性的海平面周期性变化的现象，由于受月亮和太阳这两个万有引力源的作用，海平面每昼夜有两次涨落。潮汐作为一种自然现象，为人类的航海、捕捞和晒盐提供了方便，更值得指出的是，它还可以转变成电能，给人带来光明和动力。

潮汐发电是一项潜力巨大的事业，经过多年来的实践，在工作原理和总体构造上基本成型，可以进入大规模开发利用阶段。潮汐发电的前景是广阔的。

20世纪初，欧、美一些国家开始研究潮汐发电。第一座具有商业实用价值的潮汐电站是1967年建成的法国郎斯电站。该电站位于法国圣马洛湾郎斯河口。郎斯河口最大潮差13.4米，平均潮差8米，一道750米长的大坝横跨郎斯河。坝上是通行车辆的公路桥，坝下设置船闸、泄水闸和发电机房。郎斯潮汐电站机房中安装有24台双向涡轮发电机，涨潮、落潮都能发电。总装机容量24万千瓦，年发电量5亿多度，输入国家电网。

1968年，前苏联在其北方摩尔曼斯克附近的基斯拉雅湾建成了一座800千瓦的试验潮汐电站。1980年，加拿大在芬地湾兴建了一座2万千瓦的中间试验潮汐电站。试验电站、中试电站，那是为了兴建更大的实用电站做论证和准备用的。

到目前为止，由于常规电站廉价电费的竞争，建成投产的商业用潮汐电站不多。然而，由于潮汐能蕴藏量的巨大和潮汐发电的许多优点，人们还是非常重视对潮汐发电的研究和试验。

据海洋学家计算，世界上潮汐能发电的资源量在10亿千瓦以上，也是一个天文数字。潮汐能普查计算的方法是，首先选定适于建潮汐电站的站址，再计算这些地点可开发的发电装机容量，叠加起来即为估算的资源量。

世界上适于建设潮汐电站的二十几处地方，都在研究、设计建设潮汐电站。其中包括：美国阿拉斯加州的库克湾、加拿大芬地湾、英国塞文河口、阿根廷圣约瑟湾、澳大利亚达尔文范迪门湾、印度坎贝河口、俄罗斯远东鄂霍次克海品仁湾、韩国仁川湾等地。随着技术进步，潮汐发电成本的不断降低，将不断会有大型现代潮汐电站建成使用。

丰富的海底矿藏

海洋中几乎有陆地上有的各种资源，而且还有陆地上没有的一些资源。目前人们已经发现的有以下六大类：

1.石油、天然气。据估计，世界石油极限储量1万亿吨，可采储量3 000亿吨，其中海底石油1 350亿吨；世界天然气储量255～280亿立方米，海洋储量占140亿立方米。20世纪末，海洋石油年产量达30亿吨，占世界石油总产量的50%。

2.煤、铁等固体矿藏。世界许多近岸海底已开采煤铁矿藏。日本海底煤矿开采量占其总产量的30%；智利、英国、加拿大、土耳其也有开采。日本九州附近海底发现了世界上最大的铁矿之一。亚洲一些国家还发现许多海底锡矿。已发现的海底固体矿产有20多种。我国大陆架浅海区广泛分布有铜、煤、硫、磷、石灰石等矿。

3.海滨砂矿。海滨沉积物中有许多贵重矿物，如含有发射火箭用的固体燃料钛的金红石；含有火箭、飞机外壳用的铌和反应堆及微电路用的钽的独居石；含有核潜艇和核反应堆用的耐高温和耐腐蚀的锆铁矿、锆英石；某些海区还有黄金、白金和银等。我国近海海域也分布有金、锆英石、钛铁矿、独居石、铬尖晶石等经济价值极高的砂矿。

4.多金属结核和富钴锰结核。多金属结核含有锰、铁、镍、钴、铜等几十种元素。世界海洋3 500～6 000米深的洋底储藏的多金属结核约有3万亿吨。其中锰的产量可供世界用18 000年，镍可用25 000年。我国已在太平洋调查200多万平方千米的面积，其中有30多万平方千米为有开采价值的远景矿区，联合国已批准其中15万平方千米的区域分配给我国作为开辟区。富钴锰结核储藏在300～4 000米深的海底，容易开采。美日等国已设计了一些开采系统。

5.热液矿藏。是一种含有大量金属的硫化物，海底裂谷喷出的高温岩浆冷却沉积形成，已发现30多处矿床。仅美国在加拉帕戈斯裂谷储量就达2 500万吨，开采价值39亿美元。

6.可燃冰。是一种被称为天然气水合物的新型矿物，在低温、高压条件下，由碳氢化合物与水分子组成的冰态固体物质。其能量密度高，杂质少，燃烧后几乎无污染，矿层厚，规模大，分布广，资源丰富。据估计，全球可燃冰的储量是现有石油天然气储量的两倍。在20世纪日本、俄罗斯、美国均已发现大面积的可燃冰分布区。我国也在南海和东海发现了可燃冰。据测算，仅我国南海的可燃冰资源量就达700亿吨油当量，约相当于我国目前陆上油气资源量总数的1/2。在世界油气资源逐渐枯竭的情况下，可燃冰的发现又为人类带来新的希望。

由于人类对两极海域和广大的深海区还调查得很不够，大洋中还有多少海底矿藏人们还难以知晓。

海洋药物

美国癌症学院自然产品实验室收藏了两万多件海洋生物的样本。其中4 000件属于藻类，其他都是无脊椎动物。研究人员认为，海洋中丰富多样的生物物种，无论大小、软硬、速度快慢，都能生存下来，这说明它们有天然自卫、抵抗疾病的能力。特别是身上充满生物活性分子、利用化学方式保护自己的海洋物种，很可能含有丰富的药物资源。

有一种长达几十米到上百米的海洋巨藻，从它身上提取出来的物质，可以应用于几百种药物制剂之中。譬如从巨藻身上提取的一种酸，加工后可用来消除人体内的放射性物质锶90。锶90是各种肿瘤疾病和白血病的激活体。锶90被消除，对健康无疑是有利的。

在红藻身上，人们可以提取出一种高效抗病毒物质。用这种物质制成治疗感冒的药物，既安全，又可收到意想不到的效果。

从褐藻中提取出的甘露醇及其合成的脂类衍生物，有很好的降血压和降血脂的效用。从马尾藻科和海带科的海藻中提取出的褐藻胶，可用来制作代替血浆，其浓度低、黏度高，与血型无关，特别适合于紧急情况下的救护，无须验血。另外，褐藻胶对核爆炸释放出来的放射性物质锶90有独特的排出作用。

科学家们从浮游生物体内发现了某些具有抗生素特性的成分。他们从一种俗称“海石花”的毒性珊瑚身上成功地提取出了一种剧毒物质，往往只需尘粒大小的剂量，就能致人死命。但是，这种毒素却是治疗白血病、高血压、天花、肠道溃疡和某些癌症的有效药物，也是理想的麻醉剂。

在加勒比海水域中生活的珊瑚虫体内，科研人员发现了一种天然的前列腺激素。目前，科学家已能运用最新技术从活体珊瑚身上提取这种物质，用于治疗气喘、神经衰弱和心脏疾病。

从生活在太平洋中的七星鳗身上，医学家们发现了一种可用于治疗心律失调的物质。这是一种强烈的心脏兴奋药物，只需服用极小剂量，就能使心脏输出的血液成倍地增大，以挽救心力衰竭者的垂危生命。

鳗鱼中有一种盲鳗，从其鳃中可提取一种低分子芳香胺类物质。经试验证明：此物质对动物心脏的起搏有一定的作用。

实际观察和解剖表明：鲨鱼很少有患癌症的，即使是将癌细胞活体用人工接种的方法直接移植到某些鲨鱼身上，结果也是劳而无功、白费心机。这是因为，鲨鱼身上能够分泌出一种抑制癌细胞的化学物质。这样，就从另一方面诱发人们去尝试着从它们身上提取抗癌物质。现在，人们已能从鲨鱼软骨内提取出一种具有抗动脉粥样硬化和抗血管内斑块功效的“硫酸软骨素”。这种物质能降低心肌耗氧量，降低血脂及改善动脉供血不足，对治疗心脏病有一定效果。

从虾、蟹壳中提取的甲壳质制成的医用手术线，可被人体吸收，不需拆线，而且该手术线在胆汁、尿、胰腺中能很好地保持强度。用甲壳质制成的伤口敷料有很好的止血作用，并能加速伤口愈合，且结疤最小。用这种敷料直接涂于烧伤的伤口，能在伤口表面形成一层坚韧、吸水、透气、生物相容性良好的薄膜，有清凉镇痛的功能。

科学家们还发现海洋中的那些软体动物体内含有用以自卫的、成分独特的分泌物。有一种猩红色的海绵的分泌物中含有一种叫作“埃克青奥尼”的毒素，对过滤性病毒具有极强的抑制功能，可制成治疗结核病和某些血液病的特效药。

海洋污染

海洋污染通常是指人类改变了海洋原来的状态，使海洋生态系统遭到破坏。

有害物质进入海洋环境 而造成的污染。可损害生物资源，危害人类健康，妨碍捕鱼和人类在海上的其他活动，损坏海水质量和环境质量等。

海洋污染物依其来源、性质和毒性，可分为以下几类：①石油及其产品（见海洋石油污染）。②金属和酸、碱。包括铬、锰、铁、铜、锌、银、镉 、锑 、汞 、铅等金属，磷、砷等非金属，以及酸和碱等。它们直接危害海洋生物的生存和影响其利用价值。③农药。主要由河流带入海洋。对海洋生物有危害。④放射性物质。主要来自核爆炸、核工业或核舰艇的排污。⑤有机废液和生活污水。由河流带入海洋。极严重的可形成赤潮。⑥热污染和固体废物。主要包括工业冷却水和工程残土、垃圾及疏浚泥等。前者入海后能提高局部海区的水温，使溶解氧的含量降低 ，影响生物的新陈代谢，甚至使生物群落发生改变；后者可破坏海滨环境和海洋生物的栖息环境。

防止海洋污染的措施主要有：海洋开发与环境保护协调发展，立足于对污染源的治理；对海洋环境深入开展科学研究；健全环境保护法制，加强监测监视和管理；建立海上消除污染的组织；宣传教育；加强国际合作，共同保护海洋环境。

海洋污染的特点是，污染源多、持续性强，扩散范围广，难以控制。海洋污染造成的海水浑浊严重影响海洋植物（浮游植物和海藻）的光合作用，从而影响海域的生产力，对鱼类也有危害。重金属和有毒有机化合物等有毒物质在海域中累积，并通过海洋生物的富集作用，对海洋动物和以此为食的其他动物造成毒害。石油污染在海洋表面形成面积广大的油膜，阻止空气中的氧气向海水中溶解，同时石油的分解也消耗水中的溶解氧，造成海水缺氧，对海洋生物产生危害，并祸及海鸟和人类。由于好氧有机物污染引起的赤潮（海水富营养化的结果)，造成海水缺氧，导致海洋生物死亡。海洋污染还会破坏海滨旅游资源。因此，海洋污染已经引起国际社会越来越多的重视。

海洋石油对海洋的污染

自20世纪50年代以来，随着各国社会生产力和科学技术的迅猛发展，海洋受到了来自各方面不同程度的污染和破坏，日益严重的污染给人类的生存和发展带来了极为不利的后果。

世界海域石油蕴藏量十分丰富，目前多数开发者集中在近海海域勘探开发。随着海洋石油勘探开发的飞速发展，有的钻井船和采油平台，人为地将大量的废弃物和含油污水不断地排入海洋，因此，海洋石油开发也是目前造成海洋污染的原因之一。海洋石油开发对海洋造成污染的原因主要表现在：①生活废弃物、生产（工作）废弃物和含油污水排入海洋。②意外漏油、溢油、井喷等事故的发生。③人为过程中和自然过程中产生的废弃物和含油污水流入海洋中。石油进入海水中，对海洋生物的危害是非常严重的，石油进入海水后，使海水中大量的溶解氧被石油吸收，油膜覆盖于水面，使海水与大气隔离，造成海水缺氧，导致海洋生物大量死亡。而且它对幼鱼和鱼卵的危害更大。在石油污染的海水中孵化出来的幼鱼鱼体会扭曲并且无生命力，油膜和油块能粘住大量的鱼卵和幼鱼使其死亡。油污使经济鱼类、贝类等海产品产生油臭味，成年鱼类、贝类长期生活在被污染的海水中其体内蓄积了某些有害物质，当进入市场被人食用后危害人类健康。它还会导致大量的鸟类死亡。如海鸟因为吃了被污染的鱼类而死亡，人类燃烧被污染的石油烧死大量海鸟，从而失去一些珍贵的鱼类、鸟类品种。

船舶对海洋的污染

船舶造成的污染，是指因船舶操纵、海上事故及经由船舶进行海上倾倒致使各类有害物质进入海洋，海洋生态系统平衡遭到破坏。尤其是来往于大洋间的数以10万吨计的超级油轮越来越多，一次触礁或撞船等事故的发生，往往会造成几万至几十万吨以上石油的污染，严重地威胁着海洋鱼类等生物的生存。船舶造成污染的特征：①经由船舶将各类污染物质引入海洋。②污染物质进入海洋是由于人为因素而不是自然因素，也就是说污染行为在主观上表现为人的故意或过失（如洗舱污水、机舱污水未经处理排入海洋）。③污染物进入海洋后，造成或可能造成海洋生态系统的破坏。

船舶造成的污染主要表现为：①船舶操作污染源。这种污染的产生主要是船舶工作人员的故意或过失造成的。如有的船舶工作人员故意将含有有害物质的洗舱污水排入海洋，船舶机舱工作人员故意将含有污油的机舱污水未经处理排入海洋，还有的由于工作责任心不强错开阀门将燃油排入海洋。②海上事故污染源。船舶由于发生海上事故，如船舶碰撞、搁浅、触礁等事故使各种污染物质，主要是燃油外溢、油舱由于事故破裂造成的渗漏对海洋造成的污染。③船舶倾倒污染源。这种污染源的产生，主要表现在，经由船舶故意的将陆地工厂生产所产生的生产废料、生活垃圾、清理被污染的航道河道所产生的带有污染物质的污泥污水，倾倒入海洋。所以说船舶污染是造成海洋污染的原因之一。

工厂对海洋的污染

随着世界人口的急剧增长，以及人类物质生活的提高，各种工业垃圾和生活废物的数量正在成倍地增长，近50年来，人类向海洋倾倒的废物已为初期的20倍，这个增长幅度还在加大。据资料表明，海上污染的80%来自陆地，陆源污染物向海洋转移，是造成海洋污染的主要根源。陆地上形成的污染物，本应在陆地处理后，再有限制地向海洋倾倒。但是事实并不如此，大量未经处理的陆源污染物直接或间接进入海洋的事例，愈演愈烈，屡禁不止。

工厂对海洋的污染主要表现在，①与海相通的河流两岸的造纸厂、化工厂等利用河道排放污水而流入海洋。在这些污水中含有一些重金属类如汞、镉、铅等。这些重金属对于海洋生物危害比较大。污水中除了含有重金属外还有有机物污染源和无机氮、活性磷酸盐。这些无机氮、活性磷酸盐使海洋植物疯狂生长，进而形成赤潮现象。②含有污染物质的工业垃圾、生活垃圾倾倒河岸或河道，随河水或涨落潮流入海洋。

海洋垃圾

海洋垃圾是任何在海洋或海岸带内长期存在的人造物体或被丢弃、处置或遗弃的处理过的固体材料。海洋垃圾的产生有多重原因，有来自陆地的，也有来自海上的。在一些特定的海上活动中，如捕鱼、货运、娱乐活动和客运等，将产生相当数量的海洋垃圾。其中，基于海上活动来源的诸如被抛弃的渔网、电线、绳索和塑料袋将可能存在于海底、海水中和漂浮在海面上。这些垃圾也可随洋流或海风输送到其他地方，所以也可在海滩上、海岸边看到这些垃圾。

海洋垃圾可通过缠绕和摄取的方式使人类和其他生命体受伤或死亡。动物因偶然吃进看起来像食物的塑料袋，而可能导致它们饥饿或营养不良。遗弃的渔网可继续捕捉大量的动物，带来的后果是导致被捕捉动物的死亡。船只也能受到漂浮物的损害，从而导致相当可观的修理费用。因此，现在人们认识到海洋垃圾是主要的海洋污染物之一，它将损害海洋和沿岸地区的生态、经济和文化价值。

海洋中的塑料垃圾

海洋中的塑料垃圾主要有三个来源，一是暴风雨把陆地上掩埋的塑料垃圾冲到大海里；二是海运业中的少数人缺乏环境意识，将塑料垃圾倒入海中；第三就是各种海损事故，货船在海上遇到风暴，甲板上的集装箱掉到海里，其中的塑料制品就会成为海上“流浪者”。按照“国际海运联合会”提供的数字，每年都有数千只集装箱掉到海里。据估计，海洋塑料垃圾的70%来自海运业。

塑料垃圾不仅会造成视觉污染，还可能威胁航行安全。废弃塑料会缠住船只的螺旋桨，特别是各种塑料瓶，它们会毫不留情地损坏船身和机器，引起事故和停驶，给航运公司造成重大损失。但更可怕的是，塑料垃圾对海洋生态系统的健康有着致命的影响。

海中最大的塑料垃圾是废弃的渔网，它们有的长达几英里，被渔民们称为“鬼网”。在洋流的作用下，这些渔网绞在一起，成为海洋哺乳动物的“死亡陷阱”，它们每年都会缠住和淹死数千只海豹、海狮和海豚等。其他海洋生物则容易把一些塑料制品误当食物吞下，例如海龟就特别喜欢吃酷似水母的塑料袋；海鸟则偏爱旧打火机和牙刷，因为它们的形状很像小鱼，可是当它们想将这些东西吐出来反哺幼鸟时，弱小的幼鸟往往被噎死。塑料制品在动物体内无法消化和分解，误食后会引起胃部不适、行动异常、生育繁殖能力下降，甚至死亡。

塑料在陆地上降解大概需要二三百年时间，可是在海洋里，由于海水的冷却作用，这一过程可能会延长至400年。塑料在海中的降解主要是在阳光的作用下完成的，因此称为“光降解”。它们先缓慢地分解成小碎片，再降解为更小的颗粒。海洋学家在调查中发现，在北太平洋中部，被分解的塑料与浮游生物的重量之比已经达到了6：1。浮游生物是指那些漂浮在海面上的小型动植物，它们是海洋生态系统食物链中的最低一级，海洋中的滤食动物，如水母等，经常会把那些塑料降解后的颗粒误当作鱼卵吃下去。

垃圾旋涡

仅是太平洋上的海洋垃圾就已达300多万平方千米，超过了印度的国土面积，如果再不采取措施，海洋将无法负荷，而人类也将自食恶果。

在一项名为“捍卫我们的海洋”的活动中，一艘取名“希望号”的船只航行几大洋，科学家和来自世界各地的志愿者见证了海洋和居住在海洋中的生物正在面临的一场“垃圾危机”。“希望号”航程中历经的最大海洋“垃圾旋涡”之一，位于北太平洋亚热带海域，其中心位于美国西海岸和夏威夷之间、夏威夷群岛的东北方向上。这个触目惊心的垃圾旋涡就是“得克萨斯垃圾带”。这个“垃圾旋涡”，也成为海洋生态学家们研究最多的海上垃圾区域之一。

当整个太平洋的各个洋流以顺时针方向运转时，塑料垃圾途经这里，被卷入“平静区域”，便不再继续随洋流漂移，彻底“定居”下来。垃圾越聚越多，太平洋上的这一区域俨然已经变成了海洋垃圾大本营，小到塑料片，大到塑料筐、丢弃的轮胎、渔网，各色塑料等垃圾像被磁铁吸引一样来到这里。据估算，“垃圾漩涡”区域的漂浮垃圾多达上亿吨，以塑料为主，还包括玻璃、金属、纸等。

据测算，在“垃圾旋涡”海域，每1千克的浮游生物平均要“分摊”到6千克的塑料垃圾。考虑到浮游生物是许多其他海洋动物的食物，因此可以这么推算，假如捕食的海洋动物“眉毛胡子一把抓”，它们每吞进一千克的浮游生物，就会同时误食大约6千克的塑料垃圾。即便顺利通过了消化道，有不少生物也会因为吞了一肚子“伪食物”，获取不到所需的营养而被活活饿死。

海洋保护区

面对海洋环境的严重污染，海洋资源过度地开发利用，导致海洋环境及其资源的严重破坏，近些年来，不少沿海国家和地区相继建立起为数众多的各种类型的海洋保护区，这些保护区根据保护对象的不同，大致可区分为：海洋生态系统保护区、濒危珍稀物种保护区、自然历史遗迹保护区、特殊自然景观保护区以及海洋环境保护区等等。通过海洋保护区能完整地保存自然环境和自然资源的本来面貌；能保护、恢复、发展、引种、繁殖生物资源，能保存生物物种的多样性，能消除和减少人为的不利影响，因此保护区的兴起，为人类保护海洋环境及其资源，开辟了新的途径。

美国1975年开始建立海洋保护区，目前已相继在夏威夷群岛、加利福尼亚沿海和佛罗里达群岛周围建立了保护区，总面积约8万平方千米。在保护区内严禁开采石油、天然气和沙石，禁止倾倒废物，船只仅允许在某些指定水道航行，有效地保护了这些海域的环境和资源。美国打算在太平洋中心一处狭长地带建设世界上最大的海洋保护区。这个占地约50万平方千米的地带，将禁止一切采矿和商业捕捞活动。

菲律宾政府为制止渔民采用炸鱼等非法手段捕捞鱼类资源和滥采珊瑚礁资源，于1984年在阿波岛附近海域建立了海洋保护区。几年后，这些资源逐步得到恢复，目前渔业捕捞量已增长了3倍，70%遭到严重破坏的珊瑚礁已得到了有效保护。

目前世界上最大的海洋生态系统保护区要算位于澳大利亚东北部近海的大堡礁保护区。大堡礁是世界上最大的珊瑚礁群，它由2 900多个独立礁石和900多个岛屿组成，珊瑚礁南北绵延达2300多千米，东西宽窄不一，最宽处可达150多千米，最狭处仅2千米，总面积约28万平方千米，比英国本土的面积还大。

海洋保护

海洋保护指海洋环境保护，包括海洋资源保护和海洋生态系统保护。

海洋生物环境是一个包括海水、海水中溶解物和悬浮物、海底沉积物及海洋生物在内的复杂系统。海洋中丰富的生物资源、矿产资源、化学资源和动力资源等是人类不可缺少的资源宝库，与人类的生存和发展关系极为密切。如今的海洋再也承受不了日益加重的污染负担，人类不能等到海洋的蓝色消失后，再来控制污染整治海洋。

目前海洋保护的主要目标是保护海洋生物资源，使之不致衰竭，以供人类永续利用。特别要优先保护那些有价值和濒临灭绝危险的海洋生物。据联合国有关部门调查，由于过度捕捞、偶然性的捕杀非目标允许捕杀的海洋生物、海岸滩涂的工程建设、红树林的砍伐、普遍的海洋环境污染，至少使世界上25个最有价值的渔场资源消耗殆尽，鲸、海龟、海牛等许多海生动物面临灭亡的危险。预计随着海洋开发规模的扩大，有可能对海洋生物资源造成更大的破坏。

海洋保护的任务首先要制止对海洋生物资源的过度利用，其次要保护好海洋生物栖息地或生境，特别是它们洄游、产卵、觅食、躲避敌害的海岸、滩涂、河口、珊瑚礁，要防止重金属、农药、石油、有机物和易产生富营养化的营养物质等污染海洋。保持海洋生物资源的再生能力和海水的自然净化能力，维护海洋生态平衡，保证人类对海洋的持续开发和利用。

污染海洋，就是危害人类自己！

保护海洋，就是保护人类自己！

第八篇

海洋之最

最大的洋

太平洋南起南极地区，北到北极，西至亚洲和澳洲，东界南、北美洲。约占地球面积的1/3，是世界上最大的大洋。面积17 968万平方千米，是第二大洋大西洋面积的2倍，水容量的2倍以上。面积超过包括南极洲在内的地球陆地面积的总和。平均深度（不包括属海）4 280米。

太平洋的平均深度为4 028米，最大深度为马里亚纳海沟，深达11 034米，是目前已知世界海洋的最深点。

太平洋岛屿众多，主要分布于西部和中部海域。约有岛屿1万个，总面积440多万平方千米，约占世界岛屿总面积的45%。

太平洋从赤道南北分为北太平洋和南太平洋。它从美洲西岸一直延伸到亚洲和澳洲的东岸。它同时是岛屿、海湾、海沟和火山地震分布最多的海洋。

最小的洋

北冰洋是世界上最小的洋。北冰洋的面积只有1 478.8万平方千米，只占世界海洋总面积的4.1%；约相当于太平洋面积的1/14，是地球上四大洋中最小最浅的洋。它的平均深度1 097米，最大深度5 499米。北冰洋面积最小，却有着广阔的大陆架，其周围的大陆架竟占整个洋面面积的一半。

北冰洋最大特点是有常年不化的冰盖，冰盖面积占总面积的2/3左右。其余海面上分布有自东向西漂流的冰山和浮冰；仅巴伦支海地区受北角暖流影响常年不封冻。北冰洋大部分岛屿上遍布冰川和冰盖，北冰洋沿岸地区则多为永冻土带，永冻层厚达数百米。

因为覆盖着冰层的洋面反射阳光，海水温度低，北冰洋的浮游生物只有其他海洋的1/10。鱼类只有北极鲑和北极鳕。哺乳动物生活在水中的有耳海豹、皮海豹、毛海豹、海象和各种鲸鱼，栖息在陆地上的有北极熊和北极狐。

最大的海

世界上的海，如果以面积大小来划分，要数珊瑚海为最大，其次是阿拉伯海，再次就是南海了。

在全世界的大海中，面积超过300万平方千米的只有3个，超过400万平方千米的只有珊瑚海，它的总面积达到479.1万平方千米，是世界上最大的海。珊瑚海是南太平洋的属海。它西边是澳大利亚大陆，南连塔斯曼海，东北面被新赫布里底群岛、所罗门群岛、新几内亚（伊里安岛）所包围。珊瑚海大部分的海底水深3 000～4 000米，最深处9 174米，也是世界上最深的海。

珊瑚海地处赤道附近，因此，它的水温也很高，全年水温都在20摄氏度以上，最热的月份甚至超过28摄氏度。在珊瑚海的周围几乎没有河流注入、这也是珊瑚海水质污染小的原因之一，这里海水清澈透明，水下光线充足便于各种各样的珊瑚虫生存。同时海水盐度一般在27～38‰之间，这也是珊瑚虫生活的理想环境，因此不管在海中的大陆架，还是在海边的浅滩，到处有大量的珊瑚虫生殖繁衍。

珊瑚海中生活着成群结队的鲨鱼，所以，珊瑚海又被人们称之为“鲨鱼海”。

最小的海

马尔马拉海东西长270千米，南北宽约70千米，面积为11 000平方千米，只相当于我国的4.5个太湖那么大，是世界上最小的海。

马尔马拉海位于亚洲小亚细亚半岛和欧洲的巴尔干半岛之间，是欧亚大陆之间断层下陷而形成的内海 。海岸陡峭，平均深度183米，最深处达1 355米。原先的一些山峰露出水面变成了岛屿。岛上盛产大理石，希腊语“马尔马拉”就是大理石的意思。海中最大的马尔马拉岛，也是用大理石来命名的。

马尔马拉海东北端经博斯普鲁斯海峡通黑海，西南经达达尼尔海峡通地中海和大西洋，是欧、亚两洲的天然分界线，地理位置十分重要。而且它的东北端可到达黑海，南端可到达地中海，如果遏制住这个地方那么想要从爱琴海到黑海就会相当的困难，由于该地区是亚欧两大陆的交界处，所以其海底相当深，这就为偷袭造就了有利条件。

最浅的海

亚速海是乌克兰和俄罗斯南部海岸外的内陆海。向南通过刻赤海峡与黑海相连，形成黑海的向北延伸。亚速海长约340千米、宽135千米，面积约37 600平方千米。

亚速海最深处只约14米，平均深度只有8米，是世界上最浅的海。

流入亚速海的河流有顿河、库班河和许多较小的河流，如卡利米乌斯河、别尔达河、奥比托奇纳亚河和叶亚河。西部有阿拉巴特岬，是一片113千米长的沙洲，将亚速海与锡瓦什海隔开。

亚速海的西、北、东岸均为低地，其特征是漫长的沙洲、很浅的海湾和不同程度淤积的潟湖。南岸大都是起伏的高地。海底地形普遍平坦。

由于海水浅，混合状态极佳，甚至温暖，以及河流带入大量营养物质，因而海洋生物丰富。动物有无脊椎动物300多种，鱼类约80种，其中有鲟、鲈、欧鳊、鲱、鲂、鲻、米诺鱼、欧拟鲤和鳃等。沙丁鱼和鳀鱼特别多。

最大内海

地中海是世界上最大的内海，它东西长约3 800千米，南北最宽处为1 800千米，总面积250万平方千米左右，以亚平宁半岛、西西里岛和突尼斯之间突尼斯海峡为界，分东、西两部分。平均深度1 450米，最深处5 092米。地中海是世界上最古老的海，历史比大西洋还要古老。

地中海是世界上最古老的海之一，而大西洋却是年轻的海洋。地中海处在欧亚板块和非洲板块交界处，是世界是强地震带之一。地中海地区有维苏威火山、埃特纳火山。

由于地中海是一个最大的陆间海，冬暖多雨，更热干燥，海水温度较高，蒸发作用非常旺盛，使海水含盐度高达39‰左右，

地中海的沿岸夏季炎热干燥，冬季温暖湿润，被称作地中海性气候。植被，叶质坚硬，叶面有蜡质，根系深，有适应夏季干热气候的耐旱特征，属亚热带常绿硬叶林。这里光热充足，是欧洲主要的亚热带水果产区，盛产柑橘、无花果和葡萄等，还有木本油料作物油橄榄。